鑄鐵鍋家料理 2.0

Delicious Everyday

用愛做菜，
是一種分享幸福的能力

從未想過，我會因為做菜而融入一個充滿愛的大家庭——「我愛 Stuab 鑄鐵鍋」！加入臉書社團這五年多，可可一直覺得自己是一個幸運又幸福的人，經歷了許多沒想過會發生在自己身上的第一次。從一個單純只是為愛做料理的平凡母親，轉身成為社團直播老師；從只是在自己臉書上紀錄飲食，逐漸變成食譜書的統籌，集結大家的力量，一起分享用鑄鐵鍋做料理的樂趣。

在加入社團之前，身為三代同堂的二寶媽，有時會覺得好像在忙碌的日常中失去了自我。雖然是為愛進廚房，但做菜像打仗，吃飯像行軍，迅速解決三餐所需，飯後又匆忙收拾、接送孩子上下課程。這樣日復一日的生活，總讓我若有所失。

然而在加入了「我愛 Staub 鑄鐵鍋」社團之後，做菜反而變成忙碌生活中最舒壓的時刻，讓站在廚房中的我忘卻煩惱享受當下，一心期待在社團中分享上菜。不論分享的是認真食譜、脫線料理NG 照，還是鍋具清潔、食材採買、美食踩點⋯⋯都有社團家人的熱情回應，我也越來越有動力去研究菜色的搭配、拍照的美感，不斷學習精進，希望跟大家分享自己的進步及心靈上的滿足。

料理的魅力打破了所有隔閡，讓不同背景卻志同道合的人相聚在一起，也找到了心靈相通的親愛姊妹們，為了一道菜而歡笑，為了一場聚會而失眠，興奮的心情比跟男朋友約會還開心。每一次上菜，每一次分享，都有社團朋友們的鼓勵與關懷。我很想要把自己取之於社團的幸福，再次回饋給社團。這也是為什麼我們堅持推出食譜的初衷，希望能鼓勵更多人透過料理來建立幸福的連結。

這次的《鑄鐵鍋家料理 2.0》是社團的第四本書，著重在鑄鐵鍋的「鎖水特性」。每一次推出食譜後，我們都會收到許多回饋，也有很多社友會私訊給我，除了表達對食譜書的喜好，也與我們分享料理過程中遇到的問題，或是希望可以多增加哪些類型的技巧與食譜，這也是這本《鑄鐵鍋家料理 2.0》的由來。

作者序

很多人買鑄鐵鍋，都是想要做鑄鐵鍋最具代表性的「無水料理」，但因為市面上食譜大多是國外的書，和台灣的烹調習慣、飲食口味不太一樣，很多人照著做失敗或覺得不好吃就放棄了。但其實只要掌握基本的原則，你會發現料理真的簡單很多。

因此在這次的食譜中，我們也花很多篇幅在介紹「鎖水」的技巧，帶大家認識鑄鐵鍋的妙用。除此之外，我們也集結了社團中 28 位厲害的作者，共同提供 100 道鎖水料理的食譜，每一道都是作者們做過無數次的拿手菜，也是大家實際在家裡做的菜，材料容易取得，作法輕鬆方便，讓大家不用辛苦想菜單，翻開就能夠上菜（歡迎大家一起來社團解鎖上菜！）。

這些年來，我從一個全年無休的家庭煮婦，變成一個能夠被看見、被關愛、被照顧的料理直播老師，都要感謝一路走來在社團裡獲得的關愛。因此，我也期待自己成為一個有能力的人，為更多已經加入、新加入或即將加入社團的人，帶來和我當初一樣的快樂！希望《鑄鐵鍋家料理 2.0》能夠傳達「家料理」帶來的溫暖，讓你我透過烹調，找到自己的幸福滋味。

食譜統籌 / **Coco**

作者序 ──
用愛做菜，是一種分享幸福的能力 … 002

前言 ──
16 萬社友天天測試！
台灣在地的鑄鐵鍋料理 … 008

CHAPTER
1
只有鑄鐵鍋做得到！
美味最大化的「鎖水烹調法」

鑄鐵鍋專屬的料理魔法 … 016
用最低限度的水分，帶出最豐富的滋味 … 018
以原味創造美味的鎖水烹調法 … 020
選一口鎖水料理萬用鍋 … 022

CHAPTER
2
掌握鎖水原則，
不用很厲害也能煮得很好吃！

鎖住食材原味的美味祕密！ … 026
鎖水技巧的多元應用 … 030

CONTENTS 目錄

CHAPTER 3
燉煮
凝聚食材風味的
鑄鐵鍋招牌料理

瑪莎曼咖哩雞 … 036
燉匈牙利雞腿 … 038
洋蔥燒雞腿 … 040
黑啤酒燉雞肉 … 042
高麗菜冬瓜土雞封 … 044
札幌雞腿湯咖哩 … 046
芥末籽醬燴雞 … 048
百年家傳蔭油鴨 … 050
粽香五花肉 … 052
白酒地瓜燒肋排 … 054
無水馬鈴薯燉肉 … 056
豬肋條味噌煮 … 058
里芋燒肉 … 060
無水滷肉 … 062
高昇排骨 … 064
豆瓣冰糖燉月亮 … 066
高麗菜封 … 068
和風燉牛肉 … 070
肥牛白菜燉豆腐 … 072
茄汁虱目魚 … 074
威尼斯燉魚 … 076
滷虱目魚肚 … 078
番茄燉菜 … 080
娃娃菜燉菜 … 082

CHAPTER 4
燜蒸
透過熱循環留住原味的
瞬熱料理

番茄燜雞 … 086
夏威夷雞肉卷 … 088
麻油雞腿蒸蛋 … 090
貴公雞丁 … 092
花開富貴鹹豬肉煲 … 094
栗子南瓜軟排 … 096
醬燒雙菇千絲豚肉 … 098
辣味噌野菜松阪豬 … 100
無水高麗菜蒸臘肉 … 102
牛肉煲 … 104
海鱸魚麵線卷蒸絲瓜 … 106
韓式魚頭鍋 … 108
醬筍魚 … 110
奶油蛤蠣透抽 … 112
鹽麴啤酒蝦 … 114
破布子蛤蠣 … 116
番茄鮮蝦烘蛋 … 118
蝦米豆腐 … 120
茄汁燉圓茄 … 122
破布子醬燒豆包杏鮑菇 … 124
無水蔬菜鍋 … 126
義式高麗菜卷佐起司 … 128

CHAPTER 5

煎 炒
趕時間也能快速上桌的熱炒料理

可可雞塊 … 132
巴薩米克雞疊疊樂 … 134
南蠻雞 … 136
炒鴨血 … 140
杏鮑菇鳳梨炒肉片 … 142
泡菜豬肉 … 144
蒜味五香肉 … 146
厚切梅花佐蘋果照燒醬 … 148
洋蔥燒肉 … 150
鮮菇炒西洋芹 … 152
麻婆豆腐 … 154
韓式番茄牛肉炒年糕 … 156
芥末羊肉佐迷迭香馬鈴薯 … 158
檸檬蝦肉燥 … 160
鮭魚燒豆腐 … 162

蔬菜鑲蝦滑 … 164
布里布里蝦仁煎蛋 … 166
法式香煎鮭魚佐菠菜泥 … 168
鮪魚起司馬鈴薯 … 170
椒香乾絲 … 172
瑞士馬鈴薯煎餅 … 174
芝麻風味炒紅蘿蔔地瓜 … 176
蒜香蒔蘿奶油炒蘑菇 … 178
椒鹽杏鮑菇 … 180
翡翠豆腐丸 … 182
櫛瓜煎餅 … 184
鷹嘴豆丸子佐鷹嘴豆泥 … 186

CHAPTER 6

主食
創造幸福飽足感的
健康碳水料理

剝皮辣椒雞炊飯 … 192
海南雞飯 … 194
香菇滑雞煲仔飯 … 196
蛋蛋牛肉煲仔飯 … 198
豆豉排骨煲仔飯 … 200
海鮮拌飯 … 202
牡蠣炊飯 … 204
番茄奶油鯖魚炊飯 … 206
午仔魚炊飯 … 208
蒜香蝦仁飯 … 210
鹹蛋笅白筍飯 … 212
沙茶蝦蟹粉絲煲 … 214
蒜蓉蛤蠣冬粉蔬菜煲 … 216
金沙鮮蝦粥 … 218

PLUS

湯品 & 甜點
餐桌上不能少的
快樂收尾

仙草澄清山藥雞湯 … 222
金華白菜雞湯 … 224
地瓜雞湯 … 226
義式海鮮湯 … 228
羅宋湯 … 230
九層塔蛋湯 … 232
石頭火鍋 … 234
客家牛汶水 … 236
熔岩巧克力蛋糕 … 238
無花果麵包布丁 … 240
肉桂蘋果派 … 242
紅蘿蔔蛋糕 … 244
烤莓果奶酥 … 246

16萬社友天天測試！

台灣在地的鑄鐵鍋料理

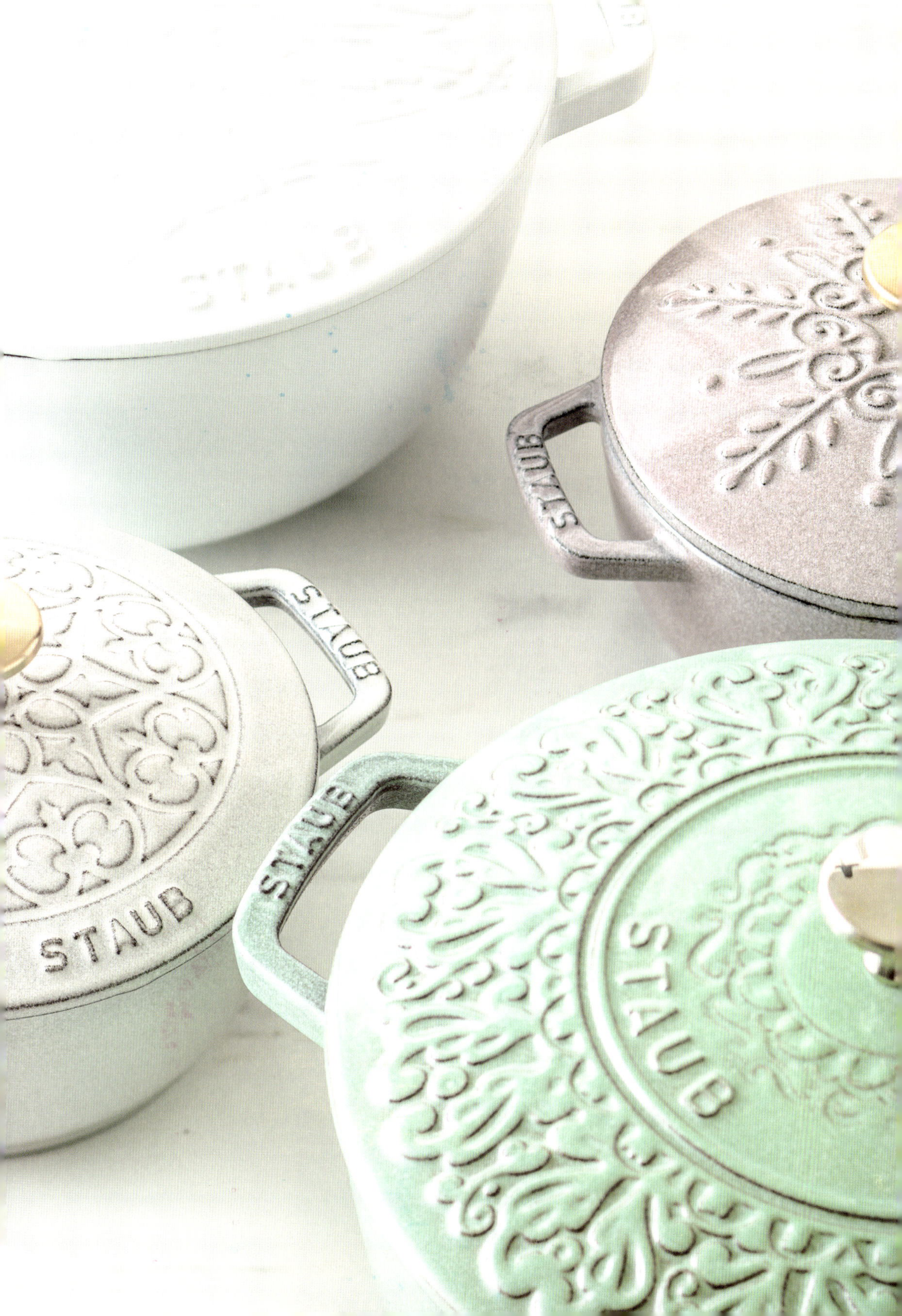
STAUB
STAUB
STAUB
STAUB
STAUB

前言

經過無數嘗試改良，
符合台灣烹調習慣的料理方式

我們社團成立已經將近 6 年，從一開始鑄鐵鍋還不太盛行，大家一起摸索用法到現在，很多社友都已經是開課、開店的老師。

在這個過程中，我們看過很多的書，也參考過很多網路食譜，有收穫，但也有非常多的冤枉路⋯⋯其中最常見的問題，就是因為鑄鐵鍋的食譜大多來自日本、歐美國家，食譜本身是好，但真的要煮的時候就會發現⋯⋯不是爐具差異太大，火一開就燒焦（或是根本煮不熟）；就是不符合台灣人的胃，一來食材不好買，二來口味不合，辛苦半天家裡沒人捧場。

尤其是鑄鐵鍋最常運用的「無水料理」。

有一段時間推出很多無水食譜，每個人都想要吃得好又吃得健康，特別是做飯給家人吃的時候。可以用食材本身的鮮甜來做菜，對煮飯的人說實在很有吸引力！

不過問題也是一樣，因為台灣大多用的是瓦斯爐，火力和日本的電磁爐很不同，澈底的無水料理其實有一點難度，如果還不熟悉的話，需要一些小技巧才能成功，但這些都是國外的書中不會寫到的。

所以在這一本書中，我們希望可以著重在鑄鐵鍋的「鎖水烹調技法」，與大家分享社友們如何「鎖住水分」的不失敗技巧，希望大家不用那麼辛苦，也能感受到「以原味創造美味！」的幸福感。

醬筍魚

石頭火鍋

用鑄鐵鍋鎖住蔬菜、肉類精華，
不用多餘調味就很好吃！

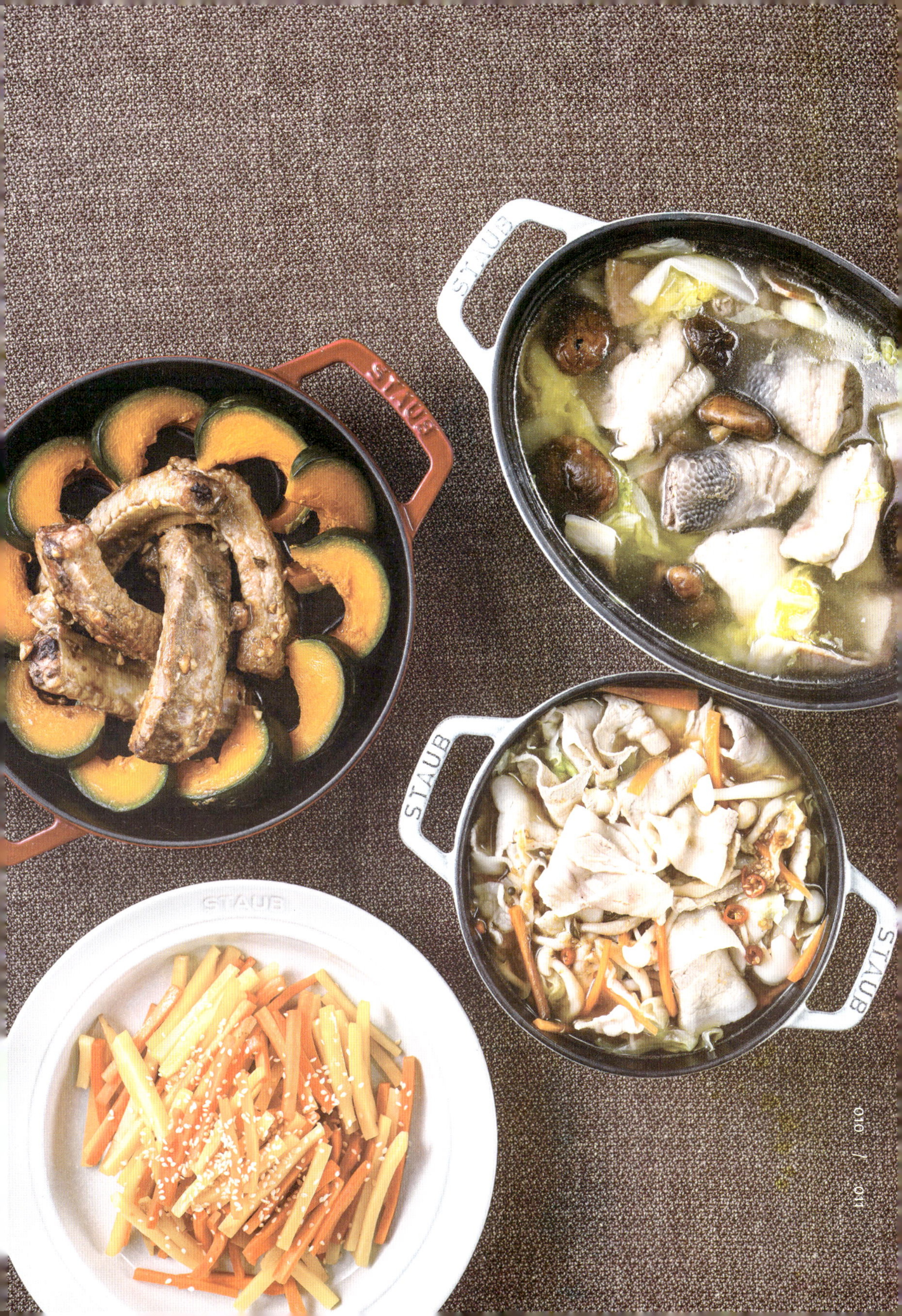
STAUB
STAUB
STAUB
STAUB
STAUB

前言

結合在地的食材、口味，
真正實用的家常食譜

除了烹調技巧外，書中也收錄了社友家裡實際上菜的 100 道大好評料理，讓大家可以立刻「現學現賣」，不用燒腦想今天的菜色。

就像前面說的，國外的鑄鐵鍋食譜要在台灣應用，除了烹調環境不一樣，對於食材的方便取得性，還有習慣的口味也很不同。但在這本書中的料理，全部都是大家平常自己在家裡做的菜，不一定是中式或西式，但都是很容易操作、準備的實用食譜（還經過各個家庭的試吃保證！）。

家裡吃的菜不用像餐廳一樣「搞工」，簡單方便為主，當然也要健康、好吃！我們社團就像一個大家庭，每個人有各自擅長的領域，也因為這樣，我們的書裡有很多不一樣的菜色可以嘗試，就算每天照書煮也完全不會膩！

書中所有的食譜都有列出詳細的食材列表，還有清楚的步驟，方便大家採買、烹調。但請記得不要給自己太大的壓力，做菜開心最重要，每個人的口味不同，可以依照自己的喜好斟酌調整，如果有遇到問題，也歡迎隨時上社團詢問。大家都會很熱心提供答案的！

無花果麵包布丁

西班牙蒜香蛤蜊

用一口鍋就可以做出滿足全家喜好的不同料理。

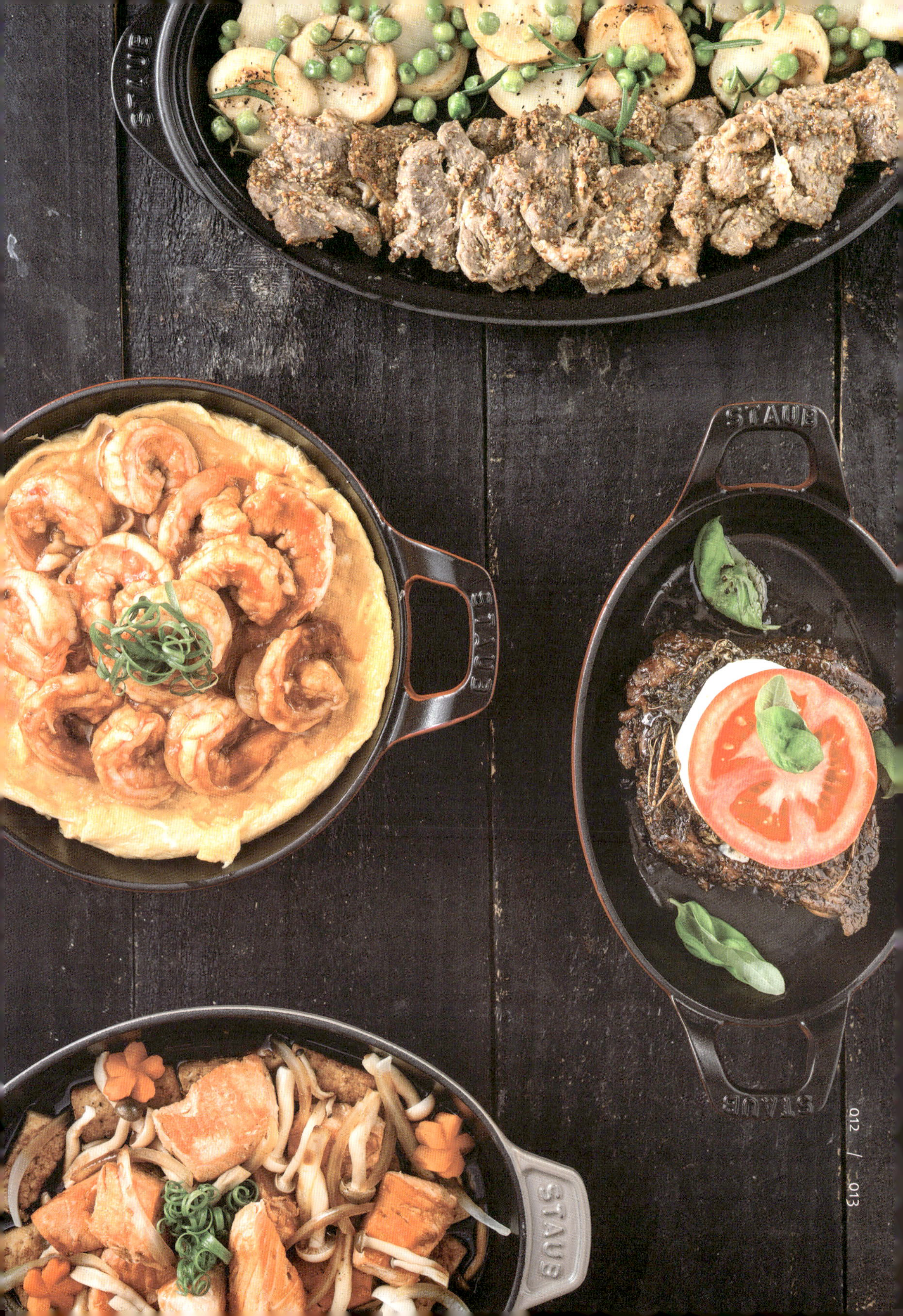
STAUB

CHAPTER ONE

DELICIOUS EVERYDAY

CHAPTER ONE

1

只有鑄鐵鍋做得到！
美味最大化的
「鎖水烹調法」

DELICIOUS EVERYDAY

鑄鐵鍋專屬的
料理魔法

在這本書中，我們把重點放在鑄鐵鍋的「鎖水烹調技法」，希望可以讓更多人實際感受到鑄鐵鍋的好處。不需要複雜的技巧，只要善用鍋子本身的特性，就能夠將食材的原味發揮得淋漓盡致，不僅烹調更省事，也能減少多餘的調味，做出更健康無負擔的美味料理！

鑄鐵鍋的優點

CHAPTER 01　只有鑄鐵鍋做得到！美味最大化的「鎖水烹調法」

1　熱傳導好
減少過度烹調
鮮味不流失

2　密閉性高
鎖住水氣
保留食材原味

3　蓄熱性高
保溫效果好
避免快速降溫

4　迴力釘點（鍋蓋內）
幫助水氣循環
讓精華回到鍋內

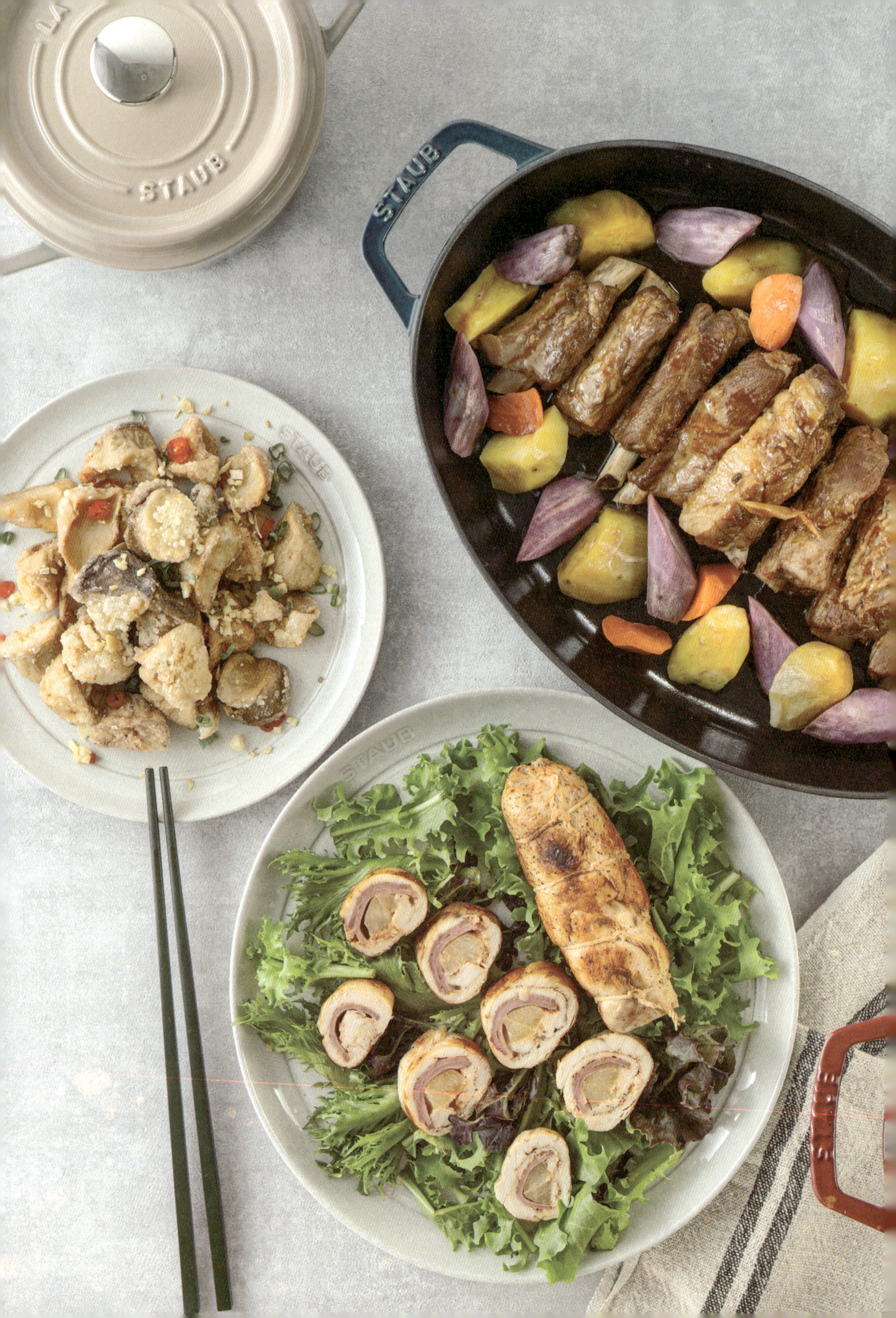
STAUB
STAUB
STAUB
STAUB

用最低限度的水分，
帶出最豐富的滋味

很多人對鑄鐵鍋的第一印象就是「無水料理」，這的確是鑄鐵鍋一個很吸引人的特色。但說實在話，我們都會建議大家不要拘泥在「無水」這兩個字，認為所有料理都不能再添加任何水分。

最主要的原因，就是在水分很少的情況下做菜，難度會比平常高。因為食材需要水熟化，完全只靠食材自身水分時，水量非常有限，在這個情況下，使用的蔬菜含水量、火力大小等等的影響就會變得很大。例如我們曾經遇過社友在做無水高麗菜時，因為當天買的高麗菜沒那麼水、火又開太大，還沒熟就先焦掉了……像這種時候，如果斟酌加入少量水輔助，成功率就會大幅提升！

畢竟家裡做菜，簡單、好吃都很重要！所以我們在這本書中，希望教大家的是「鎖水烹調」，以最低限度的水來輔助，降低料理難度，同時達到「留住食材風味」和「簡單方便」的期望。保留一點彈性，補少量水分是可以的，例如醬油、米酒、高湯等等，烹調過程就會更加順暢。

以原味創造美味的鎖水烹調法

我們平常使用的很多食材都帶有豐富的水分,例如像白菜、蘿蔔、番茄都是多水的蔬菜,肉類也含有高達六成的水分。所以如果可以充分運用這些水分來烹調,沒有稀釋過的滋味更加濃縮,自然就會好吃,也能夠減少調味料的使用。

這也是為什麼我們喜歡用鑄鐵鍋,因為鑄鐵鍋厚重的鑄鐵材質還有密封性,可以比一般鍋具更充分達到「鎖水」的作用。正常在烹調的時候,食材裡的水遇熱後會變成水蒸氣,漸漸流失在空氣中,但食材熟化還是需要水,所以必須再添加更多水來補足,風味也在稀釋中變得更淡。

不過,如果使用鑄鐵鍋,因為密閉性很高,食材中的水遇熱後變成水蒸氣,碰到鍋蓋內側的迴力釘點,又會再次分流滴回鍋中,將水氣鎖在鍋中循環。這樣一來,等於是利用食材本身的水分來烹調,把鮮味都留住了,不需要多加水,滋味與層次自然更豐富。

鑄鐵鍋原理透視圖

CHAPTER 01 只有鑄鐵鍋做得到！美味最大化的「鎖水烹調法」

鎖水烹調 的美味優勢

1. **原味就是最好的滋味**
以蔬菜的水分、肉類的油脂烹調，
不浪費食材本身的精華，天然又好吃！

2. **保留更完整的營養素**
因為水量少，蔬菜中的水溶性維生素、
礦物質不會流失。

3. **小火烹調更節省能源**
鑄鐵鍋的熱傳導和蓄熱性很好，
用小火熱度就很夠，
關火後也能繼續以餘溫加熱。

選一口
鎖水料理萬用鍋

鑄鐵鍋的種類很多,依照烹調方式可以選用不同的鍋型,例如快炒料理時煎鍋、煎烤盤很好用,蒸魚很適合長型的魚鍋。但如果只能選一口鍋,我們通常會先從「圓鍋」或「和食鍋」下手。

圓鍋

最經典的鍋型。容量夠,尺寸齊全,用來燉菜、煮湯、煮飯都可以,是最基本也最多人使用的萬用鍋型。

這兩種鍋型的高度夠,因為「鎖水烹調」需要食材的水分,高一點才有辦法堆疊多一點食材,凝聚更多水分。除此之外,煎煮炒炸各種烹調也都很好用,是很實用的鍋型。

\ 和食鍋 /

鍋子邊緣為弧狀,很適合拌炒,
鍋鏟可以輕易從鍋邊往下鏟到底部,
和圓鍋一樣是適合各種烹調方法的萬用鍋。

CHAPTER TWO

DELICIOUS EVERYDAY

= CHAPTER TWO =

2

掌握鎖水原則
不用很厲害
也能煮得很好吃！

≡ DELICIOUS EVERYDAY ≡

鎖住食材原味的
美味祕密！

鎖水顧名思義，就是鎖住食材的原汁原味。因為鑄鐵鍋的密封度高，水氣會在鍋中回流，不太容易流失。所以只要掌握幾個基本原則，就可以透過這個原理，簡單做出很多燉煮、燜蒸、快炒的好吃鎖水料理。現在，我們就一起來看幾個鎖水料理的大原則吧！

1.
依照料理需求，
選擇水量足夠的食材

每種料理需要的水量不同，快速以高溫熟透的煎炒方式不需要太多水分，但如果是燉煮或是燜煮類的菜色，水分就要比較多，以含水量較高的食材為主，例如洋蔥、大番茄、白菜都很常用。

TIP 避免選擇不耐煮的綠色葉菜類，煮太久會爛掉，葉菜類起鍋前再加入煮熟就好。

↑
只要食材水分夠多，
不需要另外加水就有很多天然湯汁。

2.
食材從出水量高到低，依序擺放

以食材本身的水分烹調時，堆疊的順序很重要，要讓出水量多的食材放在底層，這樣才會有足夠的水分釋出，接著放菇類和耐煮但水分少的食材，最後才是肉類。大致分成以下幾層疊放：

底層　出水量高的蔬菜
例如：洋蔥、高麗菜、大白菜、絲瓜、冬瓜、番茄、豆芽菜、白蘿蔔

中層　菇類
例如：香菇、金針菇、鴻喜菇、美白菇、蘑菇

上層　耐煮但水分少、會吸水的食材；肉類
例如：南瓜、馬鈴薯、紅蘿蔔、玉米、山藥等蔬菜、根莖類；魚、蝦、雞、豬、牛、羊等肉類、海鮮

3. 適度添加水分，降低烹調難度

依照不同料理，所需要的水分也不一樣。除非食材的水夠多，不然加入少量水或是醬油、料理酒等等調味料增加水分，才不容易失敗。

4. 不開大火，使用小火烹調

鑄鐵鍋的熱度很高，烹調時一律不建議開大火。一來是冷鍋突然開大火，溫差太多可能有爆鍋的危險；再來是鑄鐵鍋的小火溫度已經很夠，如果開大火反而容易燒焦、過乾。

關於火力的重點

- 最大開到中小火即可，避免開大火烹調
- 以米粒火（小火）為主，火力小、加熱平均，煮很久也不會過熱
- 不要開成爐心火，爐心火只是火力集中在中間，並不是小火

小火　　中火

✗ 大火　　✗ 爐心火

CHAPTER 02　掌握鎖水原則，不用很厲害也能煮得很好吃！

鎖水技巧的多元應用

很多人聽到鑄鐵鍋料理，印象就會停留在燉煮料理，當然，這的確是鑄鐵鍋料理的一大特色，但鎖水烹調技法的應用範圍其實比想像中多，例如因為溫度很高，所以食材放進去後更快熟透，不會因為過度烹調滋味流失。在這本書中，我們也會充分運用到各種烹調方法。

燉煮、

示範料理
和風燉牛肉 P.70

1 肉類先煎上色，取出備用。

2 原鍋放入第一層，出水量高的蔬菜。

3 接著疊第二層，出水量低的蔬菜。

4 最上層放煎好的肉類。

5 蓋上鍋蓋後，開米粒火燉至肉軟。

6 完成美味的燉牛肉。

燜蒸、

示範料理
牛肉煲 P.104

CHAPTER 02　掌握鎖水原則，不用很厲害也能煮得很好吃！

1 放入出水量高的蔬菜。

2 堆疊上蔥薑蒜等辛香料。

3 擺放肉類並加入調味醬汁。

4 蓋上鍋蓋，以米粒火燜熟。

5 開蓋後加入綠色葉菜，以餘溫拌熟。

6 完成香氣滿滿的牛肉煲。

煎炒、

1 鍋熱後下油,爆香辛香料,並加入肉片拌炒。

2 加入菇類拌炒。

3 加入調味醬汁和鳳梨。

4 拌炒後釋出滿滿的水分。

示範料理
杏鮑菇鳳梨炒肉片 P.142

本書
食譜說明

| 烹 調 |
指烹調時使用的鍋具。

| 擺 盤 |
拍攝時盛裝的鍋具、餐碗。

| 時 間 |
實際烹調的參考時間，
不包含洗菜備料、
醃漬隔夜等。

| 份 量 |
按食譜材料烹調後，
建議的食用人數。
實際因個人而異。

【 材料份量單位 】

1 小匙 = 5cc

1 大匙 = 15cc

1 米杯 = 各廠牌大小不同，
　　　　約 150cc-180cc

少許：先從少於 1 小匙的
　　　量開始添加

適量：按照個人口味增減，
　　　裝飾用也可省略

調味料用量因為每個人的喜好、
使用的食材與品牌不同，建議先
加食譜量的七成，再一邊試吃一
邊調整用量。

5 開蓋後加入綠色葉菜，
以餘溫拌熟。

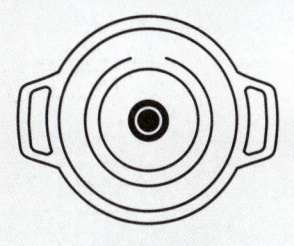

CHAPTER 02　掌握鎖水原則，不用很厲害也能煮得很好吃！

≡ CHAPTER THREE ≡

≡ DELICIOUS EVERYDAY ≡

CHAPTER THREE

3
燉煮

凝聚食材風味的
鑄鐵鍋招牌料理

• • • • • • • •

DELICIOUS EVERYDAY

瑪莎曼咖哩雞

| 烹 調 | 20cm 和食鍋 | 時 間 | 50分鐘 |
| 擺 盤 | 20cm 和食鍋 | 份 量 | 4人份 |

食譜提供
方愛玲

CHAPTER 03 ［ 燉煮 ］

材料

雞腿	1 隻（約 500-600g）
洋蔥（或紫洋蔥）	1 顆（250g）
馬鈴薯	250g
生腰果	30g
烤過的花生或腰果	適量
香菜葉（點綴用）	適量
瑪莎曼咖哩醬	1 罐（250cc）
椰漿	100-200cc
辣椒	1 根（或綠咖哩醬 2 大匙）

（辣椒或綠咖哩醬可擇一添加；不吃辣的直接省略）

水	100cc
食用油	1 大匙

作法

1. 雞腿剁大塊，洋蔥切大塊，馬鈴薯削皮後約切 3-4cm大小。

2. 熱鍋加入 1 大匙油潤鍋，待油紋出現後，放入雞腿即蓋上鍋蓋（不要翻攪），保持中火加熱約 2-3 分鐘，鍋中的油爆聲趨緩後，再開蓋翻炒雞腿至每面都上色。

3. 接著放入洋蔥炒香。

4. 加入瑪莎曼咖哩醬、椰漿拌炒出香氣（生辣椒或綠咖哩醬在此階段加入）。

5. 續加水和生腰果，蓋上鍋蓋以最小火燉煮 20 分鐘。

6. 放入馬鈴薯續煮 15 分鐘左右，待馬鈴薯可以輕易用筷子穿透，熄火靜置 1 小時，讓馬鈴薯完全入味。

7. 上桌前撒上一些烤過的花生或腰果增加香氣，或以香菜葉點綴即可。

TIP
- 食譜中用的瑪莎曼咖哩醬為台灣方便購買的品牌，內容物已添加椰奶，所以可依照自己喜好的風味酌量調整。
- 此料理口味香甜，建議可加辣椒或綠咖哩，會有較豐富的層次。
- 堅果為選配，有過敏者請跳過不加。

燉匈牙利雞腿

食譜提供
Eddi

| 烹 調 | 26cm 淺燉鍋
| 擺 盤 | 20cm 有蓋烤盤
| 時 間 | 45-60 分鐘
| 份 量 | 2 人份

材料

仿土雞腿	2 隻
洋蔥	1 顆
馬鈴薯	2 顆
蘑菇	500g
紅蘿蔔	1 條
辣椒絲、鼠尾草（裝飾用）	少許

【調味料】

義式綜合香料	1/2 小匙
鹽	1/5 小匙
黑胡椒	1/5 小匙
高湯（可用清水代替）	適量
鮮奶油	30cc

【醃料】

| 匈牙利紅椒粉 | 1 小匙 |
| 鹽 | 1/5 小匙 |

作法

1 仿土雞腿加入【醃料】，放冰箱醃製一晚。

2 洋蔥、馬鈴薯、紅蘿蔔切大丁。

3 鍋中放入醃製好的雞腿，表面煎上色後取出，再加入洋蔥、馬鈴薯、紅蘿蔔與整粒蘑菇炒香，接著放回雞腿，加入義式綜合香料、鹽和黑胡椒，並倒入高湯（或清水）淹過食材。

4 水滾後轉米粒火，慢燉45分鐘。

5 煮好後淋上鮮奶油即完成，搭配法國麵包或米飯享用。

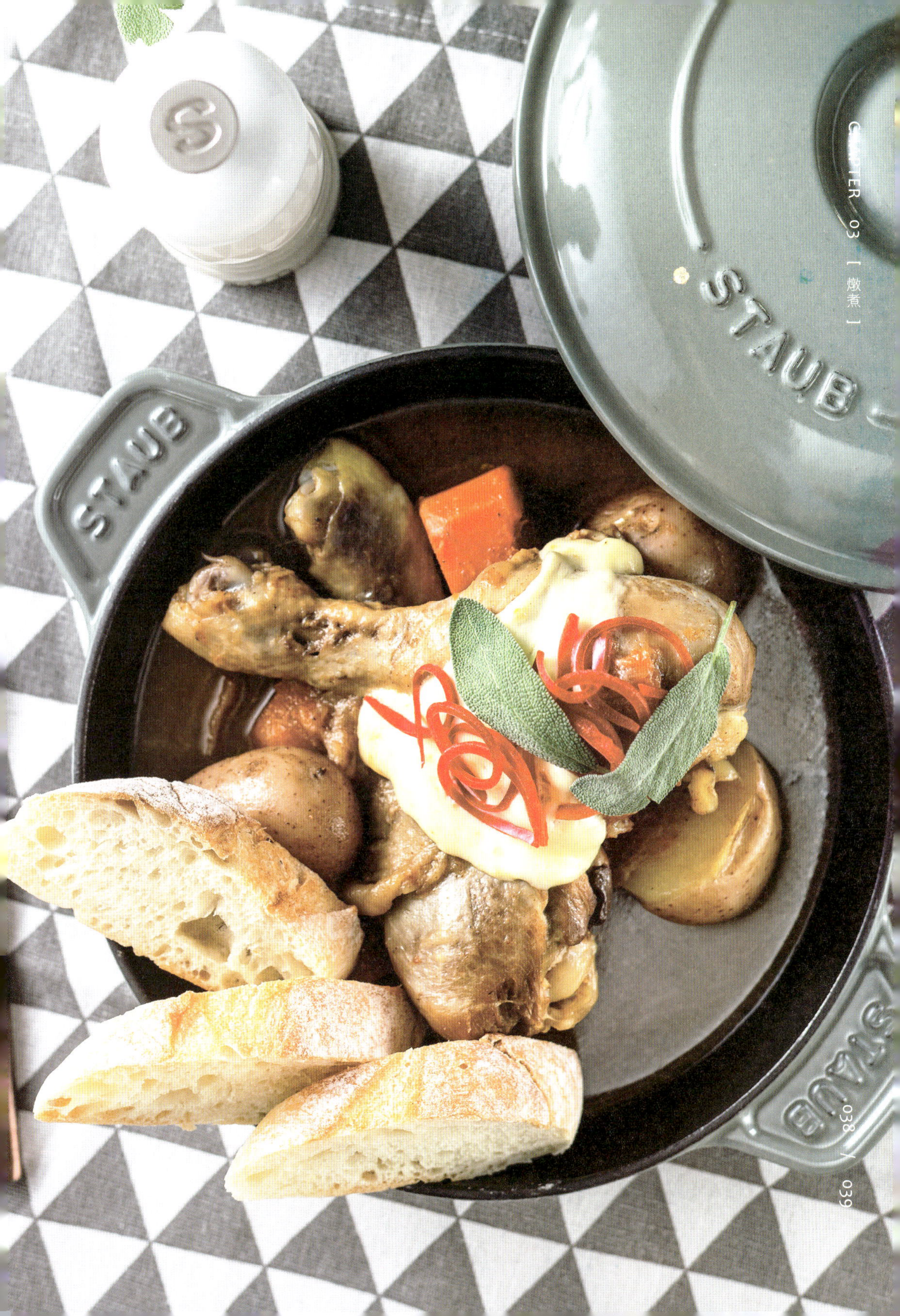
STAUB
STAUB

洋蔥燒雞腿

| 烹 調 | 26cm 淺鍋
| 擺 盤 | 26cm 淺鍋
| 時 間 | 55 分鐘
| 份 量 | 4-6 人份

食譜提供
朱曉苁

材料

| 棒棒腿 | 6-8 隻
| 洋蔥 | 2 大顆
| 辣椒 | 1 根
| 薑片 | 5 片
| 蔥花 | 少許

【調味料】
| 醬油 | 80g
| 味醂 | 30g
| 糖 | 少許
| 白胡椒 | 少許
| 鹽 | 適量

【工具】
| 烘焙紙 | 1 張

作法

1 洋蔥切大塊，辣椒切圈。

2 淺鍋內鋪一張烘焙紙，放入棒棒腿煎赤赤後，夾起備用。

3 將紙上的雞油倒入鍋中（紙丟棄）。

4 放入薑片煸香，再放入辣椒爆香（怕辣可不加）。

5 接著放入洋蔥，略炒出香氣。

6 將棒棒腿排列在洋蔥上。

7 倒入醬油、味醂、糖、白胡椒粉後，蓋上鍋蓋燜煮 20 分鐘。

8 開蓋將雞腿翻面，先試味道，若不夠鹹再加鹽調味。

9 接著再次上蓋，續煮 20 分鐘。

10 撒上蔥花增色即完成。

CHAPTER 03 [燉煮]

黑啤酒燉雞肉

| 烹調 | 28cm 淺燉鍋 | 時間 | 60分鐘 |
| 擺盤 | 20cm 圓舞曲 | 份量 | 6-8人份 |

食譜提供
Jane Chuang

材料

去骨雞腿肉	800g
培根	200g
洋蔥	150g
西洋芹	1根
紅蘿蔔	1根（約200g）
蘑菇	1盒（約200g）
月桂葉	2片
丁香	2-3根
荳蔻	2-3顆
Lotus餅乾	4片
黑啤酒	350cc

【醃料】
鹽	1/2小匙
白胡椒粉	少許

【調味料】
鹽	1小匙

作法

1. 雞肉切成一口大小，用【醃料】抓醃後靜置約30分鐘備用。

2. 培根切成約 0.5cm 片狀，洋蔥切細丁，西洋芹去絲後切成約 1cm 小丁，紅蘿蔔滾刀切成一口大小，較大的蘑菇對切。

3. 熱鍋下培根，炒出香氣與油脂後盛起。

4. 再將雞肉（雞皮朝下）煎出表皮油脂，翻炒至肉色變白後盛起。

5. 原鍋放入洋蔥炒出香氣，再放入蘑菇炒至略微出水，加入西洋芹、紅蘿蔔翻炒均勻。

6. 將培根與雞肉放回鍋中翻炒後，倒入黑啤酒，加入月桂葉、丁香、荳蔻煮滾。

7. 待湯汁煮滾，將 Lotus 餅乾剝成小塊並拌入湯汁中，再加入鹽巴調味，蓋上鍋蓋轉米粒火燉煮 25 分鐘。

8. 開蓋轉中大火煮 5-10 分鐘，將湯汁收稠即可。

TIP

- 若家中有幼兒共食或不喜歡酒味，步驟6可改為「黑啤酒 150cc ＋雞高湯」或「蔬菜高湯 250cc」。
- 燜煮及開蓋收稠湯汁的過程，須適時攪拌避免焦底。
- 可搭配白飯、麵包，或取湯汁與燙熟的義大利麵拌炒食用，也可加入切塊馬鈴薯一同燉煮。
- 肉類可替換成豬里肌肉、梅花肉或牛頰肉、牛腱肉；豬肉燉煮時間約 40 分鐘，牛肉約 70 分鐘。

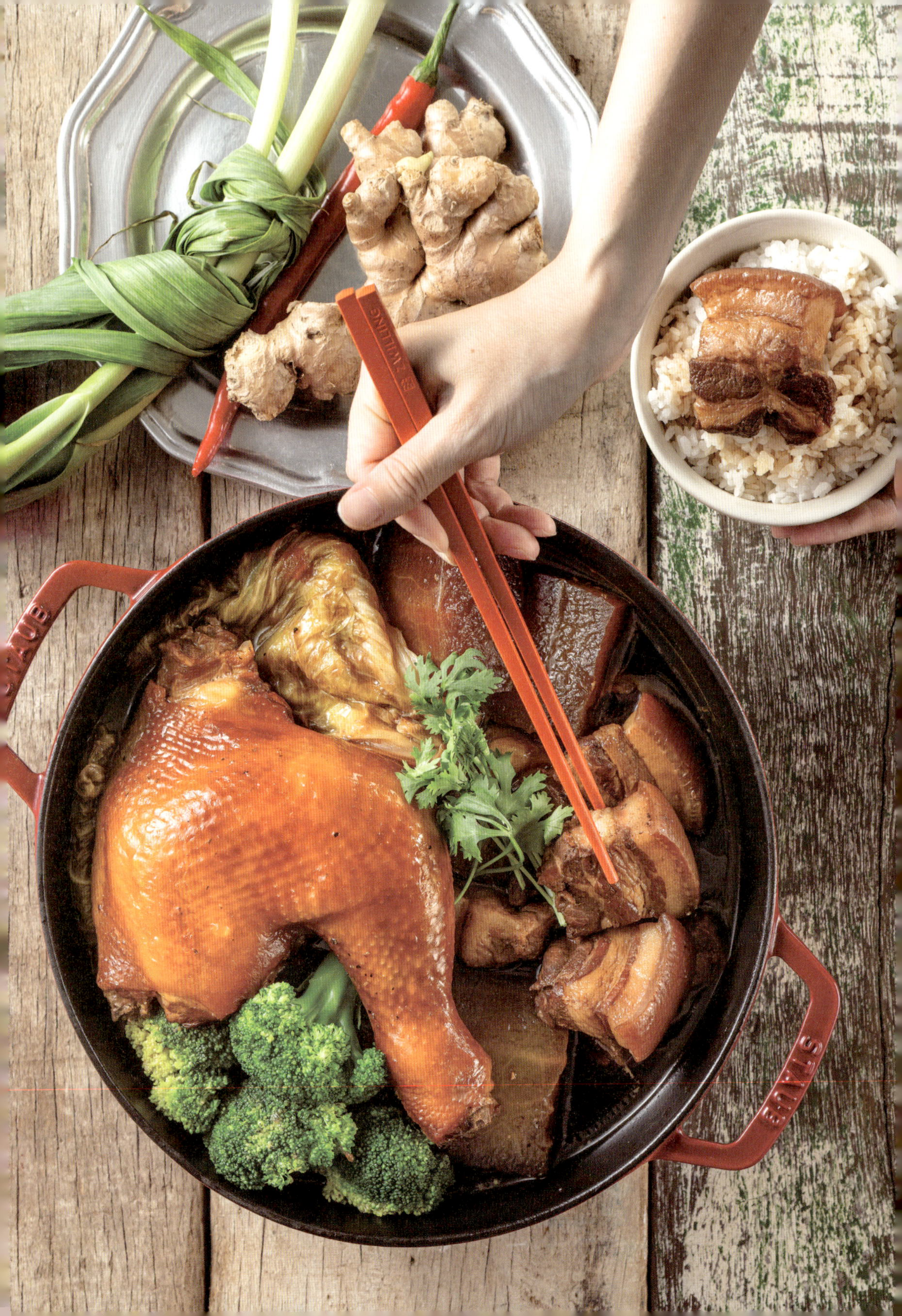

高麗菜冬瓜土雞封

| 烹 調 | 28cm 淺燉鍋
| 擺 盤 | 28cm 淺燉鍋
| 時 間 | 60 分鐘
| 份 量 | 6 人份

食譜提供
邱湞喬

材料

五花肉	600g
土雞腿	1 隻
冬瓜	500g
高麗菜	600g
蒜苗	180g
蒜頭	160g
中薑	50g
大辣椒	1 根
水	100cc
食用油	1 大匙

【調味料】

冰糖	25g
醬油	100cc
香菇素蠔油	130cc
米酒	200cc

作法

1. 五花肉切成 4x1.5cm 塊狀，土雞腿洗淨，冬瓜切成 10x5cm 大塊，高麗菜（葉連芯）切成 1/2 或 1/4 大塊，蒜苗綁成束，蒜頭整顆去膜，中薑拍裂，辣椒洗淨。

2. 鍋裡下 1 大匙油，放入五花肉煎到兩面稍微赤黃，再加入冰糖跟肉一起炒上色。

3. 把五花肉推到鍋邊，放入中薑、蒜頭、辣椒爆香。

4. 爆香完成後熄火，將辣椒取出，蒜頭與中薑均勻鋪在鍋底，接著將冬瓜、高麗菜、土雞腿、五花肉依序整齊疊入鍋內（菜在下、肉在上），最上面放上蒜苗與剛才取出的辣椒。

5. 將醬油、香菇素蠔油、米酒、清水調勻，澆淋在食材上，接著蓋上鍋蓋，以中大火煮滾後，轉成米粒火燉煮 60 分鐘，續燜 30 分鐘即完成。

TIP

◆ 食材堆疊的順序很重要，儘量「肉上菜下」，讓蔬菜吸收到油脂香氣。

◆ 鍋蓋一開始蓋不起來很正常，滾煮約 10 分鐘後蔬菜變軟了，鍋蓋就能自動闔上。

◆ 燉煮 30 分鐘後可稍微調整鍋內食材位置，讓最不容易入味的冬瓜完全浸泡到滷汁裡。

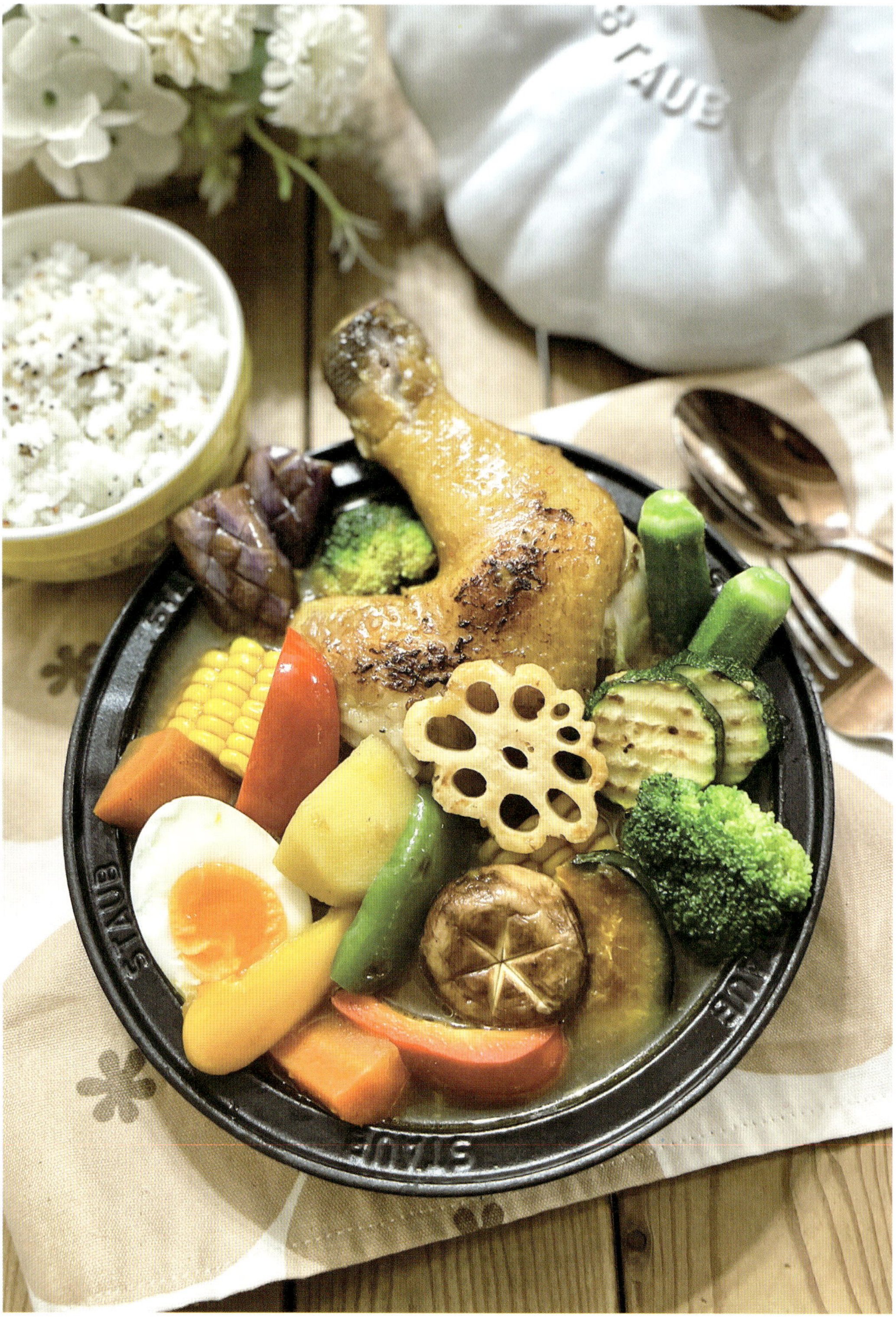
STAUB

札幌雞腿湯咖哩

食譜提供
Leila Tsai

| 烹 調 | 南瓜鍋
| 擺 盤 | 20cm 鑄鐵盤
| 時 間 | 50 分鐘
| 份 量 | 2 人份

材料

雞腿肉	2 隻
蔬菜：玉米、香菇、南瓜、櫛瓜、紅黃彩椒、青椒、茄子、蓮藕、花椰菜、秋葵、紅蘿蔔、馬鈴薯	適量
水煮蛋	2 顆
水	1000cc
橄欖油	1 大匙

【湯底】

洋蔥	1 顆
蒜頭	6 瓣
薑	10g
番茄	2 顆
蘋果	1/4 顆

【醃料】

咖哩粉	1 小匙
鹽	2 小匙

【調味料】

S&B 咖哩粉	1 大匙
Masala 咖哩粉	1 大匙
味醂	2 大匙
醬油	2 大匙
鹽	適量
黑胡椒	適量

作法

1 雞腿肉用【醃料】醃 30 分鐘。

2 湯底的洋蔥切丁，蒜頭、薑、番茄、蘋果都磨泥，其餘蔬菜切塊。

3 鍋中放橄欖油 1 大匙，熱油後放入雞腿肉，煎到表面上色後取出。

4 原鍋放入洋蔥，炒至金黃色，再加入蒜泥、薑泥炒香後，加入咖哩粉拌炒一下，接著加入蘋果泥、番茄泥、水、味醂和醬油（鹽、黑胡椒視需要酌量添加），煮滾轉米粒火燉煮 20 分鐘後，加入雞腿肉、紅蘿蔔、馬鈴薯、玉米，再燉煮 15-20 分鐘。

5 將香菇、南瓜煎熟，紅黃彩椒、青椒、茄子、蓮藕、櫛瓜煎上色，花椰菜、秋葵汆燙。

6 取湯盤盛裝湯汁，依序擺上燉好的雞腿肉、煎好的蔬菜和水煮蛋即完成。

芥末籽醬燴雞

食譜提供
Lydia Lin

| 烹 調 | 28cm 淺燉鍋
| 擺 盤 | 20cm 烤盤
| 時 間 | 90 分鐘
| 份 量 | 4 人份

材料

去骨雞腿排 .... 4 片
蘑菇 300g
中筋麵粉 .... 3 大匙
橄欖油 .... 適量

【醃料】
芥末籽醬 .... 3 大匙

【調味料】
不甜的白酒 100cc
雞高湯 150cc
黑糖 .... 1 小匙
鮮奶油 150cc

作法

1 把芥末籽醬均勻塗抹在雞腿排上，再用手抓醃一下，冷藏 30-60 分鐘。

2 蘑菇用濕紙巾擦拭乾淨，去蒂頭、切片。

3 取出醃好的雞腿排，兩面沾裹薄薄的麵粉靜置一下。

4 鍋內放入適量橄欖油，以中火慢煎雞腿排至金黃色後盛起。

5 原鍋再放入少許橄欖油，加入蘑菇拌炒，下白酒煮 2 分鐘，再加入雞高湯、雞腿排，蓋上鍋蓋，以中小火續煮 10-15 分鐘。

6 時間到開蓋，轉小火續煮 3 分鐘，加入黑糖平衡醬汁酸味，再下鮮奶油攪拌，煮到湯汁濃稠後，嚐味道確認是否加鹽（材料份量外）調味，即可熄火盛盤。

TIP 加入鮮奶油不要煮太久，容易造成油水分離。

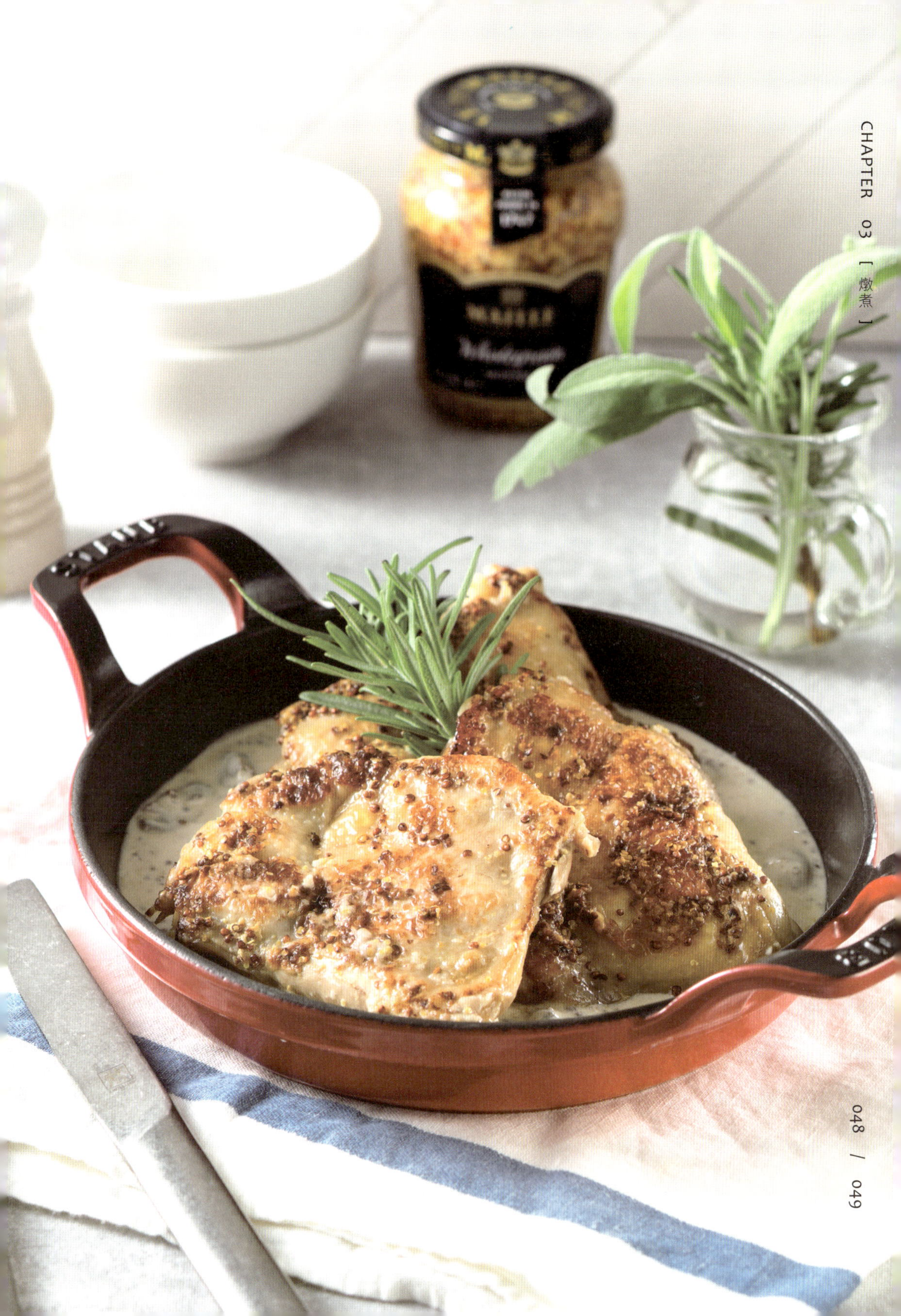

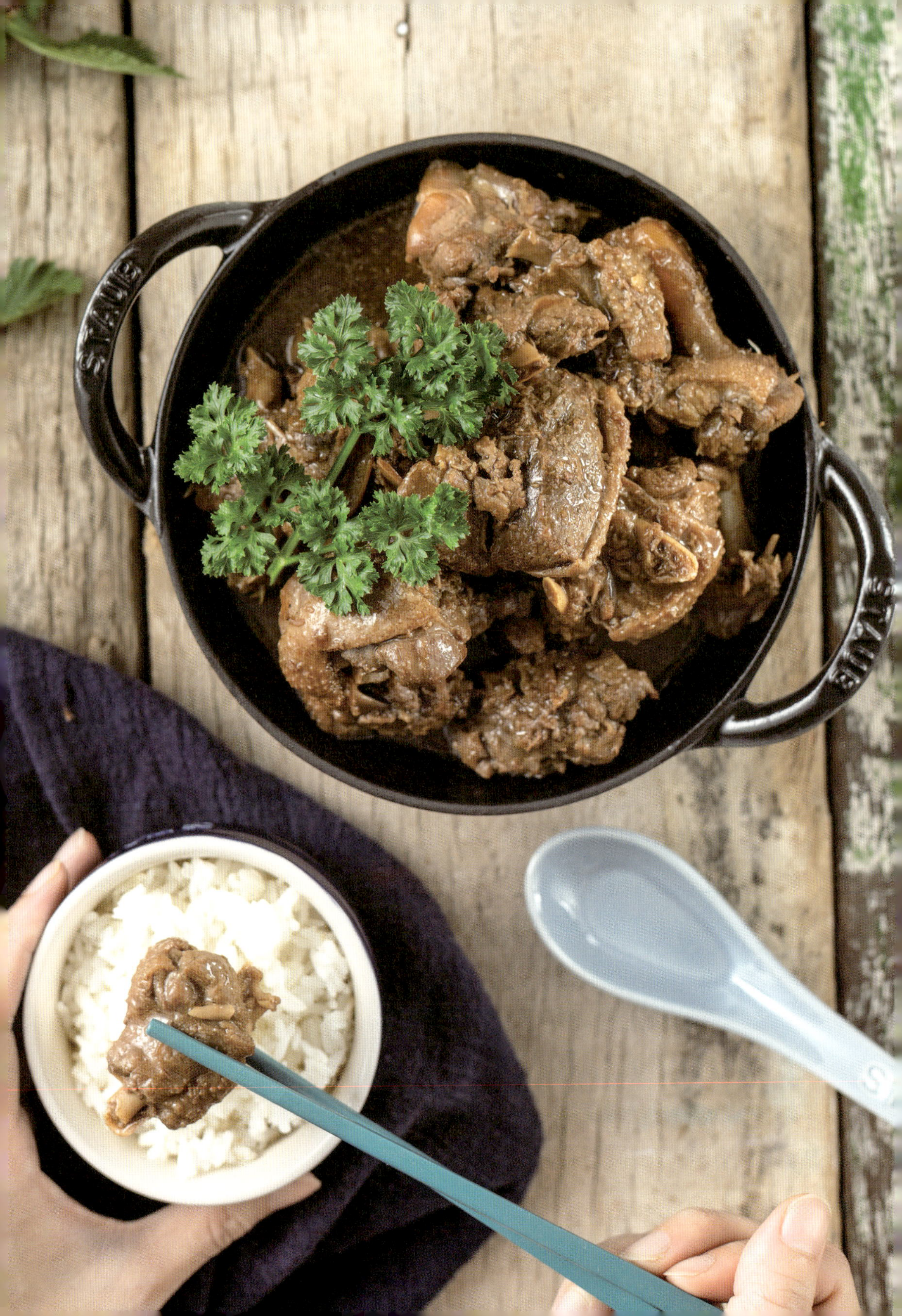
STAUB
STAUB

百年家傳蔭油鴨

食譜提供
Joyce Huang

| 烹 調 | 22cm 圓鍋
| 擺 盤 | 迷你煲鑄鐵鍋
| 時 間 | 90 分鐘
| 份 量 | 4 人份

| 材 料 |

鴨肉 .... 1/2 隻
蔭油膏 130cc

| 作 法 |

1. 鴨肉切塊後,先用滾水汆燙。

2. 再將鴨肉放入鍋中,慢慢倒入蔭油膏,使其均勻地分佈在每塊鴨肉上。

3. 開中火煮滾後,轉至米粒火上蓋燉煮 1 小時(燉煮過程中每 25 分鐘需攪拌均勻上色)。

4. 關火後,再燜 30 分鐘至入味即完成。

TIP
- ◆ 開鍋攪拌時,需將鍋蓋上的蒸氣水回滴至鍋中。
- ◆ 完食後剩餘醬汁可拌麵線或當老滷汁,與豆干、海帶、鵪鶉蛋及蒟蒻一起燉煮。

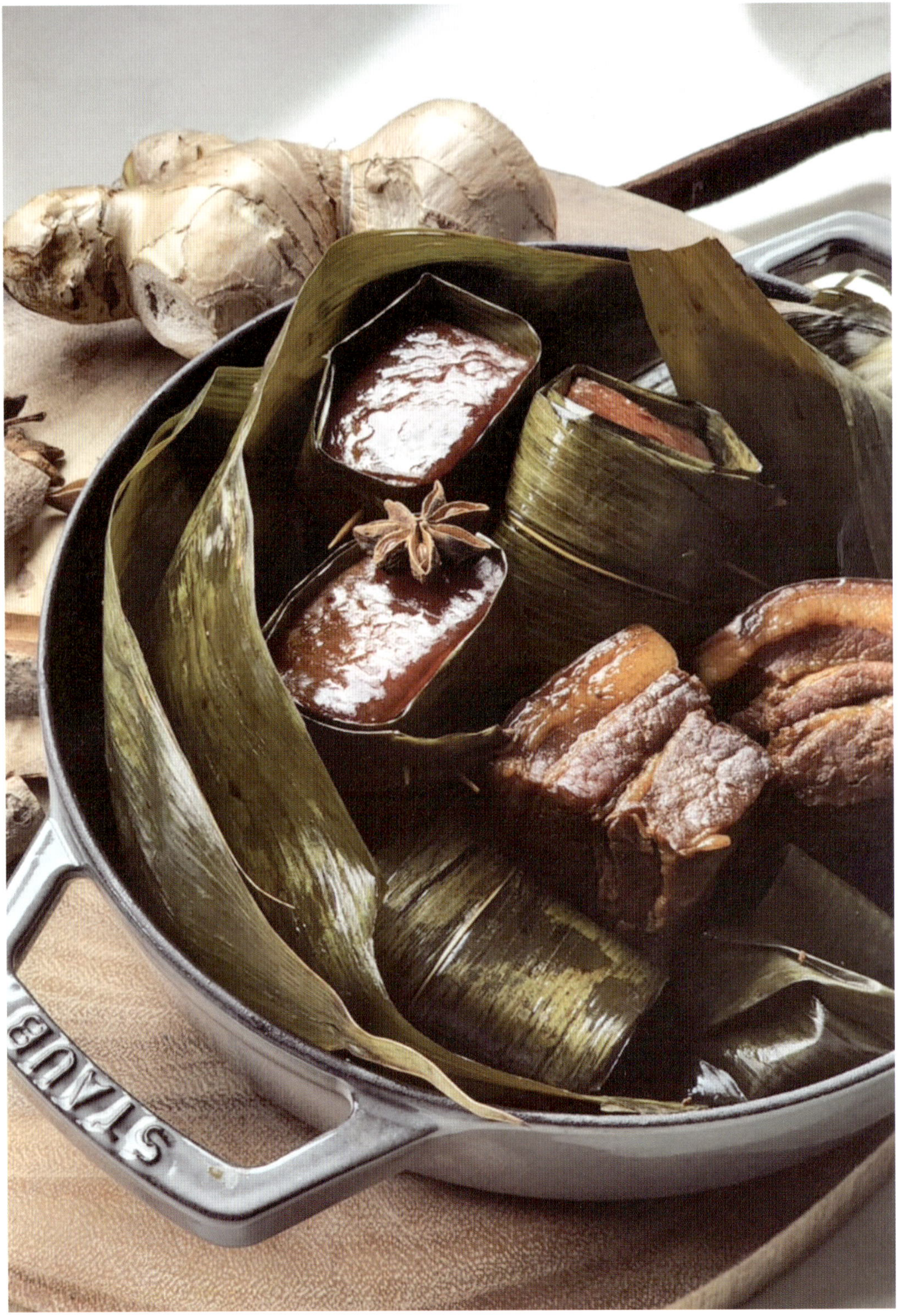
STAUB

粽香五花肉

| 烹 調 | 24cm 和食鍋
| 擺 盤 | 20cm 無蓋圓烤盤
| 時 間 | 120-180 分鐘
| 份 量 | 4-6 人份

食譜提供
Josephine Cai

材料

五花肉　　　2 條（厚度約 5cm，約 0.7 kg）
乾粽葉　　　12-14 片（依照豬肉塊數量）
水　　　　　約 200cc

【調味料】

老抽	45cc
生抽	45cc
冰糖	3-5 粒
桂皮	2 片
八角	6 粒
薑片	3 片

【工具】

牙籤　12-14 根

作法

1 將粽葉冷水浸泡 2 小時。

2 五花肉整條下鍋，滾水煮 10 分鐘去血汙，再用冷水洗淨。

3 把五花肉切成 4-5cm 左右的方塊。

4 粽葉折疊一邊，然後包裹住五花肉，再用牙籤固定。

5 將裹好的豬肉排放整齊到鍋裡。

6 加入【調味料】和水，滾開後，蓋上鍋蓋中火燜煮 2-3 個小時，待滷汁表面浮幾毫米油，肉就燉好了。

白酒地瓜燒肋排

| 烹 調 | 33cm 魚拓鍋
| 擺 盤 | 33cm 魚拓鍋
| 時 間 | 50 分鐘
| 份 量 | 4 人份

食譜提供
Catherine Huang

材 料

豬肋排 ...... 800g（長 10cm X 8 根）
黃地瓜 .... 1 根
紫地瓜 .... 1 根
紅地瓜 .... 1 根
花椒粒 5g
薑片 .... 20g（分成兩份）
蔥（燉煮用）........................... 1 根
青蔥束 ...... 3 根（綑綁成一束）
蘋果泥 .... 1/3 顆
食用油 .... 2 大匙

【調味料】

黃砂糖 .... 2 大匙
白酒 250cc
醬油 50cc
巴薩米克醋 10cc

作 法

1. 鍋中下 1 大匙油，以低溫將花椒粒及薑片 10g 炒出香氣，再加溫水醃過肋排，煮至外表呈現白色後熄火。

2. 將鍋中的肋排取出，洗淨浮沫及碎骨後瀝乾備用。

3. 三種地瓜削皮切塊備用。

4. 鍋子預熱加入 1 大匙油，將蔥束及薑片 10g 煎至金黃，並加入砂糖煮至琥珀色。

5. 放入肋排裹上糖漿，並將表皮煎至金黃。

6. 接著加入白酒、醬油、煎過的蔥束及青蔥，在肋排上放蘋果泥，蓋上鍋蓋，以小火燜燒約 25 分鐘。

7. 時間到後把肋排翻面，加入巴薩米克醋，再加入地瓜塊，上蓋續燜燒 25 分鐘至收汁即可。

TIP

◆ 喜肉多者，可選用腩排。
◆ 肋排建議先汆燙，可去除多餘油脂及碎骨，在烹煮時較不易噗鍋。
◆ 地瓜後放，是為了減少烹煮時間，讓地瓜呈現最佳口感。
◆ 巴薩米克醋（Balsamic）務必後放，才能增添風味。

CHAPTER 03 [燉煮]

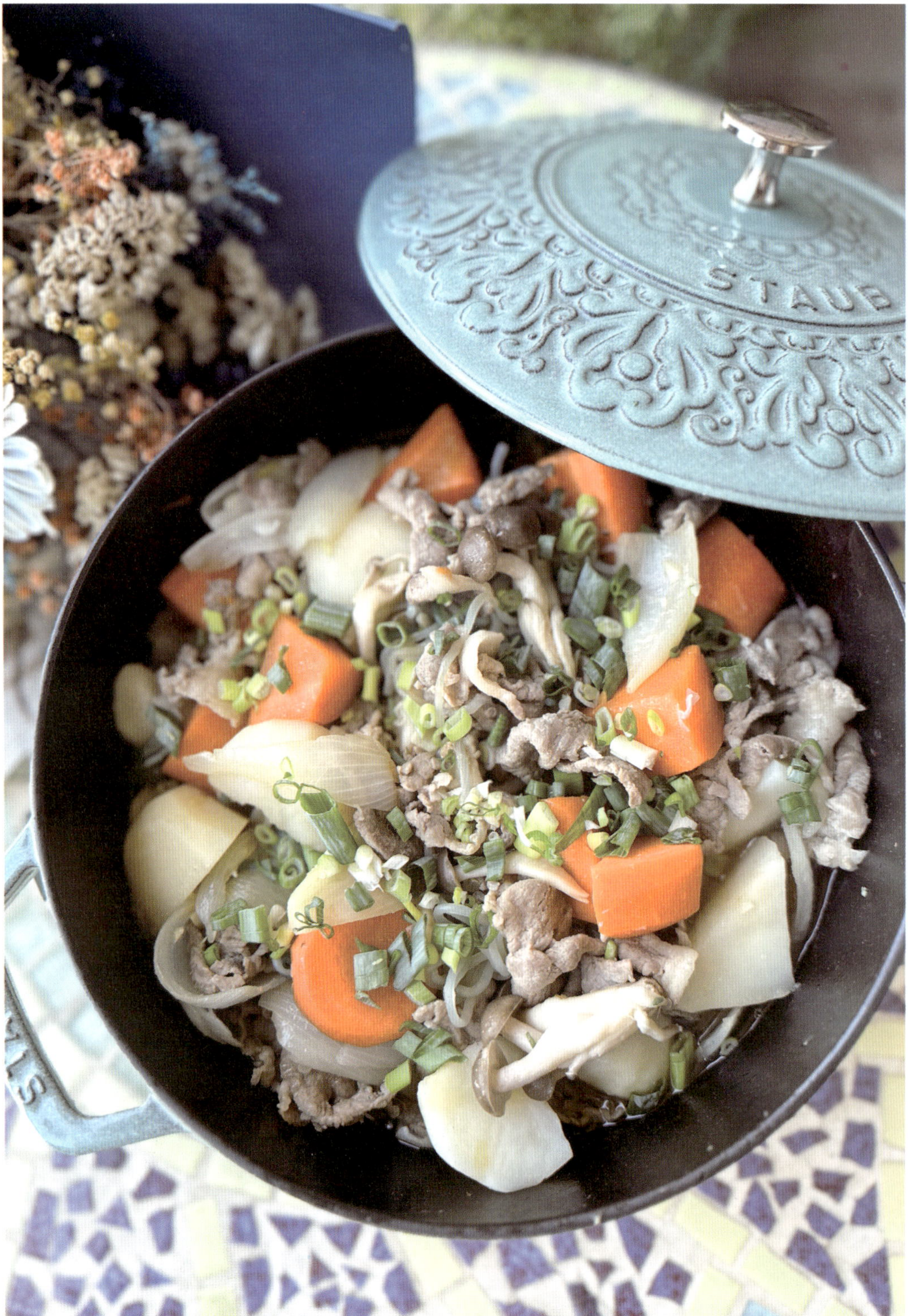
STAUB

無水馬鈴薯燉肉

食譜提供
Emely Wu

| 烹　調 | 24cm 和食鍋
| 擺　盤 | 24cm 和食鍋
| 時　間 | 40 分鐘
| 份　量 | 4 人份

材 料

梅花豬肉片	450g
馬鈴薯	3 個
紅蘿蔔	1.5 根
洋蔥	3 小顆
鴻喜菇	1 包
蒟蒻絲	1 盒
蔥花	少許
食用油	少許
鹽	少許

【醃料】
清酒	1 小匙
白胡椒	少許
鹽	少許

【調味料】
醬油	30-40cc
清酒或米酒	70cc
味醂	50cc
糖	1 大匙
日式醬油	1 大匙

作 法

1 豬肉片先用【醃料】醃製大約 15 分鐘。

2 洋蔥切片，不用太小塊；紅蘿蔔與馬鈴薯都切丁。

3 鍋中下少許油，先把豬肉片稍微拌炒一下後取出備用。

4 鍋子裡面依序放入洋蔥、紅蘿蔔、馬鈴薯、蒟蒻絲與鴻喜菇，最後平鋪炒過的豬肉片，再加入少許鹽，蓋上鍋蓋，米粒火燉煮 15 分鐘。

5 開蓋稍微攪拌，倒入【調味料】，上蓋再煮 25-30 分鐘，關火後撒上蔥花即可享用。

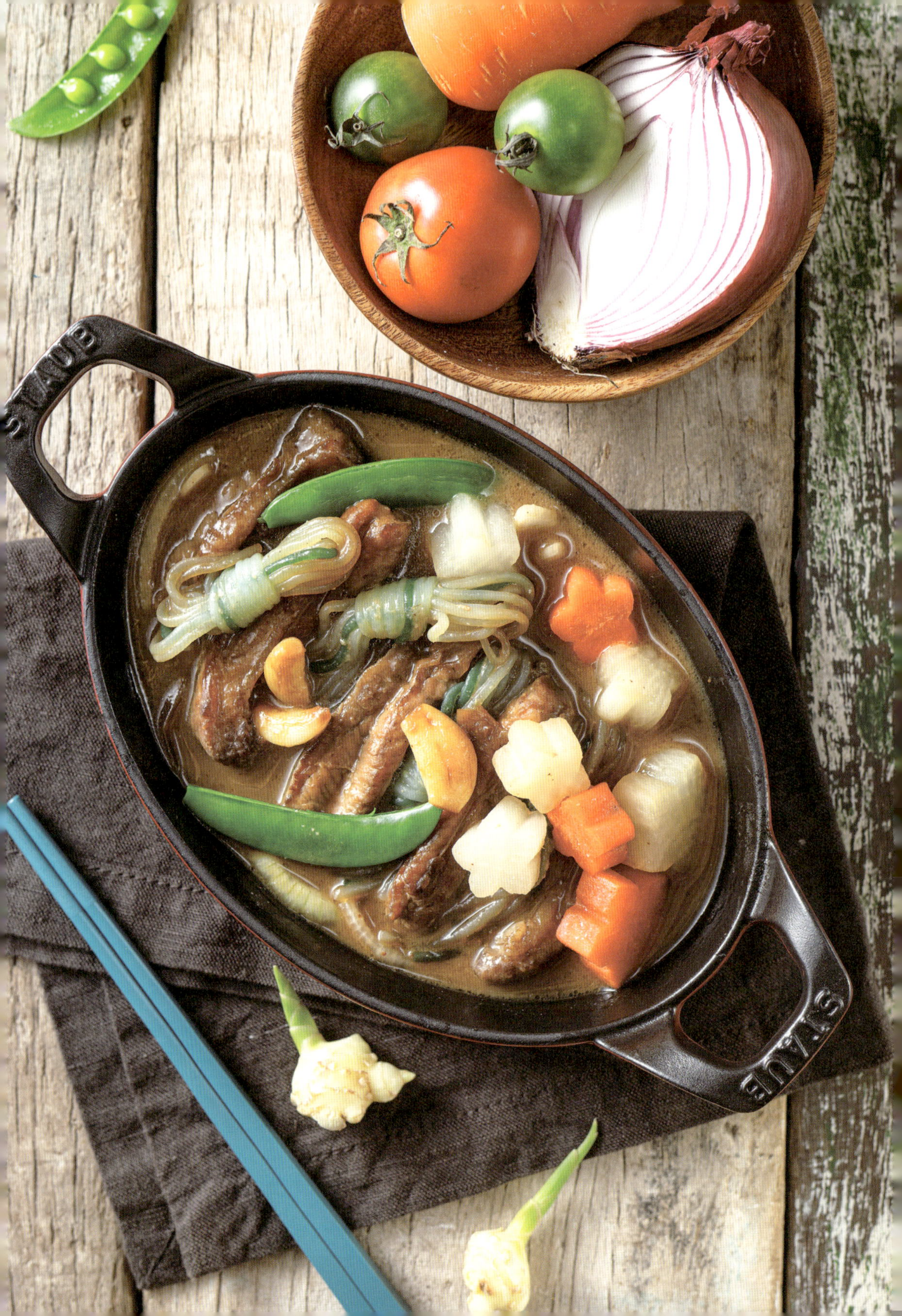
STAUB
STAUB

豬肋條味噌煮

食譜提供
邱湞喬

| 烹 調 | 20cm 圓鍋
| 擺 盤 | 21cm 橢圓烤盤
| 時 間 | 40 分鐘
| 份 量 | 2 人份

材料

豬肋條	300g
紅蘿蔔	70g
白蘿蔔	100g
蒟蒻片	1 片（或蒟蒻絲 1 盒）
蔥	2 根
薑	25g
蒜頭	4 瓣
水	500cc
食用油	1 大匙

【調味料】

黑糖	3 大匙
清酒	100cc
日式醬油	2 大匙
赤味噌	2-3 大匙

作法

1 紅蘿蔔切塊，白蘿蔔削去兩層厚皮後切塊，蔥白斜切、蔥綠切珠，薑、蒜頭切片。蒟蒻片用手或湯匙剝成小塊後汆燙去鹼味（不規則的表面更容易入味）。

2 熱鍋後加 1 大匙油，豬肋條下鍋煎至四面赤香，再加入黑糖炒至上色。

3 鍋子倒入 200cc 水後，加入蔥白、薑片、蒜片、清酒後，開中火煮滾。

4 水滾沸時撈出表面浮沫，然後加入 300cc 水、日式醬油、味噌 2 大匙拌勻，蓋上鍋蓋，開米粒火燉煮約 25 分鐘。

5 煮至豬肋條變軟，加入紅蘿蔔、白蘿蔔、蒟蒻片（絲）續煮到蔬菜熟軟後，先試鹹淡再決定是否添加味噌調整味道。

6 最後盛盤，依喜好撒上蔥花或以綠色蔬菜裝飾即可。

里芋燒肉

| 烹　調 | 24cm 和食鍋
| 擺　盤 | 三合一煎烤盤
| 時　間 | 50 分鐘
| 份　量 | 3-6 人份

食譜提供
Jane Chuang

材料

豬五花肉　　　　　　　600g
里芋　　400g（去皮重量）
杏鮑菇　　　2 根（150g）
紅蘿蔔　　　　　　　　150g
蔥　　　　　　　　　　2 根
蒜頭　　　　4 瓣（10g）
食用油　　　　　　　　1 大匙
水　　　　　　　　　　50cc

【醃料】
白胡椒粉　　　　　　　少許
鹽　　　　　　　　　　1 小匙

【調味料】
米酒　　　　　　　　　2 大匙
蠔油　　　　　　　　　2 大匙
醬油　　　　　　　　　1 大匙
糖　　　　　　　　　　1.5 大匙

作法

1. 豬肉切成一口大小，再用【醃料】抓醃約15分鐘備用。

2. 里芋用水煮 15 分鐘後放涼剝皮，再切成 3cm 的塊狀。

3. 紅蘿蔔、杏鮑菇滾刀切成一口大小，蒜頭切末。蔥切段，蔥白、蔥綠分開。

4. 冷鍋下 1 大匙油，開中小火加熱至鍋耳溫熱，翻炒豬肉至略呈金黃色澤，用湯匙撈除多餘油脂後加入蔥白、蒜末炒香。

5. 接著放入里芋、紅蘿蔔、杏鮑菇拌炒均勻，加入醬油、蠔油、糖翻炒至食材上色，再加入米酒、水煮滾後，蓋上鍋蓋，轉米粒火燜煮 30 分鐘。

6. 開蓋加入蔥綠拌勻即可。

TIP
◆ 燜煮過程需適時開蓋翻拌，避免焦底。
◆ 可將五花肉換成梅花肉。

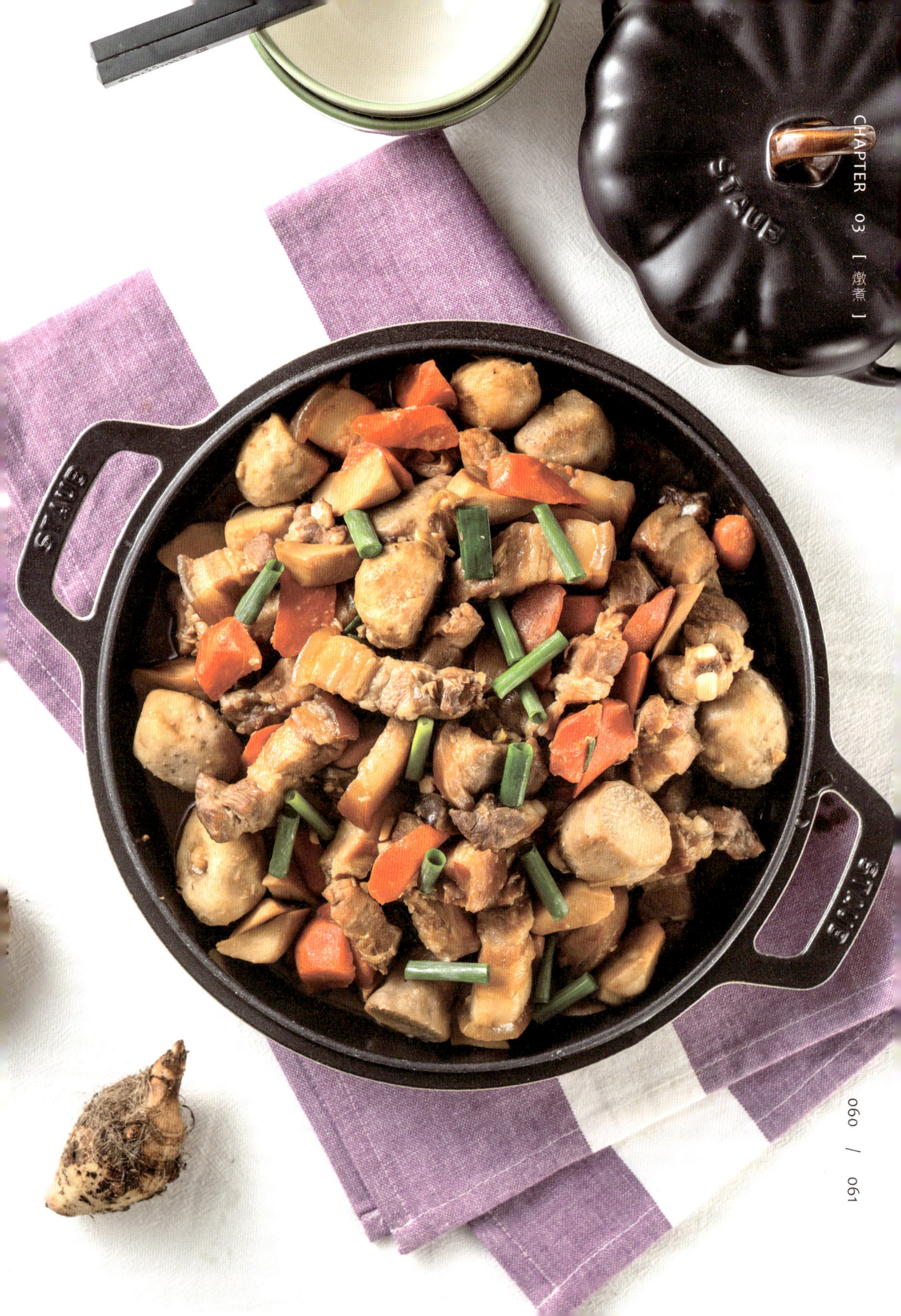

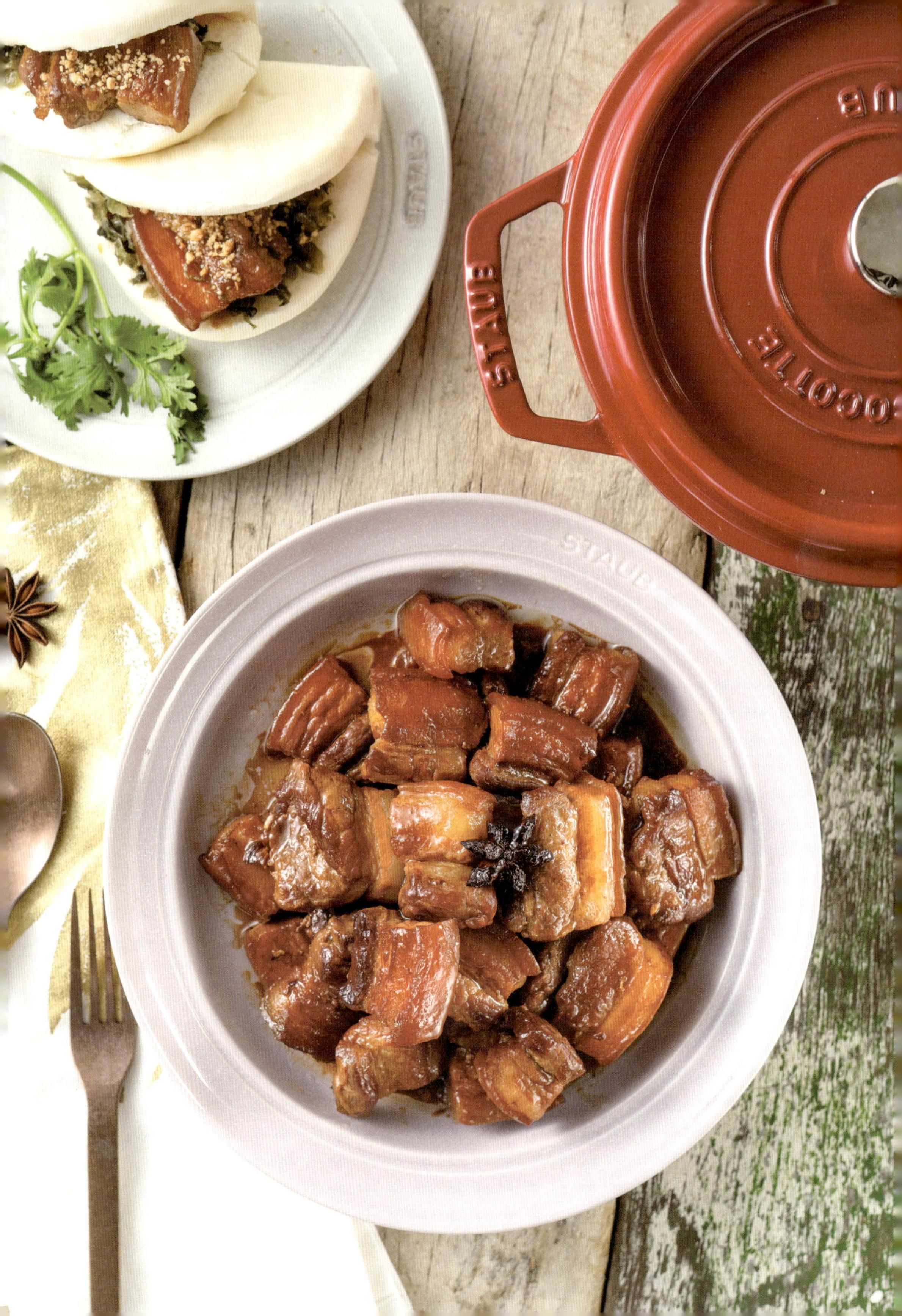
STAUB
STAUB

無水滷肉

食譜提供
江佳君

| 烹 調 | 24cm 和食鍋
| 擺 盤 | 24cm 湯盤
| 時 間 | 60 分鐘
| 份 量 | 5 人份

| 材 料 |

五花肉	2 斤（1200g）	八角	1 個
蔥	5 根	冰糖	1 大匙（或 20g）
薑	1 段	紹興酒	30cc
肉桂棒	1 支	醬油	30cc

| 作 法 |

1 五花肉切約 1cm 厚片。蔥切段，薑切片。

2 熱鍋不用放油，把肉兩面煎赤赤後，利用煎完肉留下的油爆香蔥段與薑片。

3 接著加入肉桂棒、八角、冰糖、紹興酒與醬油，米粒火燉煮 1 小時，期間半小時要翻攪一下。

4 燉煮 1 小時後熄火，不要掀蓋，再燜 1 小時（燜的動作很重要），食用前再加熱即可。

TIP
◆ 若不加酒，可以用水或高湯代替。
◆ 各家醬油濃淡不一，可按個人喜好調整。
◆ 若沒有肉桂棒、八角，可以放市售滷包一個。
◆ 通常一餐無法吃完，我會把肉和醬汁（這鍋的醬汁只有半碗）分開，以免滷肉愈來愈鹹。無水滷肉汁不多，但很醇香，拌麵超讚！

高昇排骨

| 烹 調 | 22cm 圓鍋
| 擺 盤 | 22cm 圓鍋
| 時 間 | 40 分鐘
| 份 量 | 3-4 人份

食譜提供
Emely Wu

材 料

豬排骨（豬小排）	600g
青江菜	1 把
八角	少許
白芝麻	少許
食用油	少許

【 調味料 】

米酒	1 小匙
砂糖	2 小匙
白醋	3 小匙
醬油	4 小匙
清水	5 小匙
鹽	1 小匙

作 法

1 將豬小排稍微洗淨後，汆燙備用。

2 鍋中放入少許油，將豬小排稍微煎上色後，加入八角、米酒、砂糖、白醋與醬油、水，蓋上鍋蓋，米粒火煮 15 分鐘。

3 打開鍋蓋稍微攪動一下再上蓋，米粒火續煮 20 分鐘。

4 另準備一鍋水並加鹽，水滾後放入青江菜稍微汆燙後撈出。

5 鑄鐵鍋開蓋，放入青江菜、撒上一點白芝麻，即可擺盤上桌。

TIP 排骨煮 15 分鐘之後，打開鍋蓋大概看一下狀況，並視情況看要不要補水，如果水太少就稍微加水，以免燒焦。

CHAPTER 03 ［燉煮］

豆瓣冰糖燉月亮

| 烹 調 | 20cm 圓鍋　　| 時 間 | 90 分鐘
| 擺 盤 | 16cm 和食鍋　| 份 量 | 4 人份

食譜提供
Lydia Lin

材 料

月亮軟骨	2 片
蔥	2 根（切段）
薑片	5 片
蒜末	1 大匙
食用油	2 大匙
水	300cc

【調味料 1】
辣豆瓣醬	1 大匙
醬油	1 大匙
冰糖	1 大匙

【調味料 2】
辣豆瓣醬	1 大匙
醬油	1 大匙
米酒	2 大匙

【調味料 3】
冰糖	1 大匙

作 法

1 月亮軟骨切塊。

2 鍋中放入 1 大匙油，將薑片、蒜末煸炒出香氣，再下軟骨翻炒到表面金黃微焦香，接著加入【調味料 1】翻炒出醬色後盛起。

3 鍋內再下 1 大匙油，米粒火炒香蔥段，把步驟 2 的軟骨放回鍋內，續加【調味料 2】翻炒後，加水，中大火燉煮約 10 分鐘，中途需開蓋翻炒一下。

4 轉成米粒火燉煮 50 分鐘，再下【調味料 3】煮至收汁略濃稠即完成，可再依喜好撒少許蔥花裝飾。

TIP 軟骨肉煮 60 分鐘，口感 Q 彈有咬勁，90 分鐘比較軟嫩好入口，可依個人喜歡口感調整。

高麗菜封

| 烹 調 | 24cm 和食鍋
| 擺 盤 | 22cm 圓鍋 / 26cm 雙耳煎鍋
| 時 間 | 70-80 分鐘
| 份 量 | 4-6 人份

材 料

中型高麗菜	1 顆
絞肉	160g
乾香菇	2 朵
洋蔥	1/4 顆
蒜頭	2 粒
薑片	4 片
蔥	3 根
辣椒（可省略）	1 根
水（含香菇水）	150cc

【醃 料】

白胡椒粉	1/4 小匙
醬油	1 大匙
糖	1/4 小匙
鹽	1/4 小匙
香油	1 大匙
水	1.5 大匙

【調味料】

| 醬油 | 2 大匙 |
| 鹽 | 1/2 小匙 |

食譜提供
甜媽 鍾銷

TIP 運用鑄鐵鍋善於燉煮的優異功能，能將高麗菜的鮮甜及水分完全釋放。

作法

1. 取一顆可放置於鍋內大小的高麗菜，洗淨並剝除老葉，蒂頭朝上，沿中間芯挖出約直徑 9cm 的圓洞備用。
2. 乾香菇用水泡發後切末，香菇水留用。洋蔥、蒜頭、薑 1 片均切末。
3. 蔥、辣椒切段備用。
4. 將絞肉加入步驟 2 的切末食材及【醃料】混合拌勻後，冷藏 2-4 小時。
5. 把醃好的絞肉塞入高麗菜圓洞內。
6. 起一油鍋，將蔥段、辣椒及剩餘薑片爆香後，加入【調味料】與 150cc 的水（含香菇水），煮成醬汁。
7. 把高麗菜放入醬汁裡，米粒火燉煮 50-60 分鐘，熄火再燜 20 分鐘。
8. 取用前盛盤，用食物剪刀剪開，依喜好擺上蔥絲或辣椒圈裝飾即可食用。

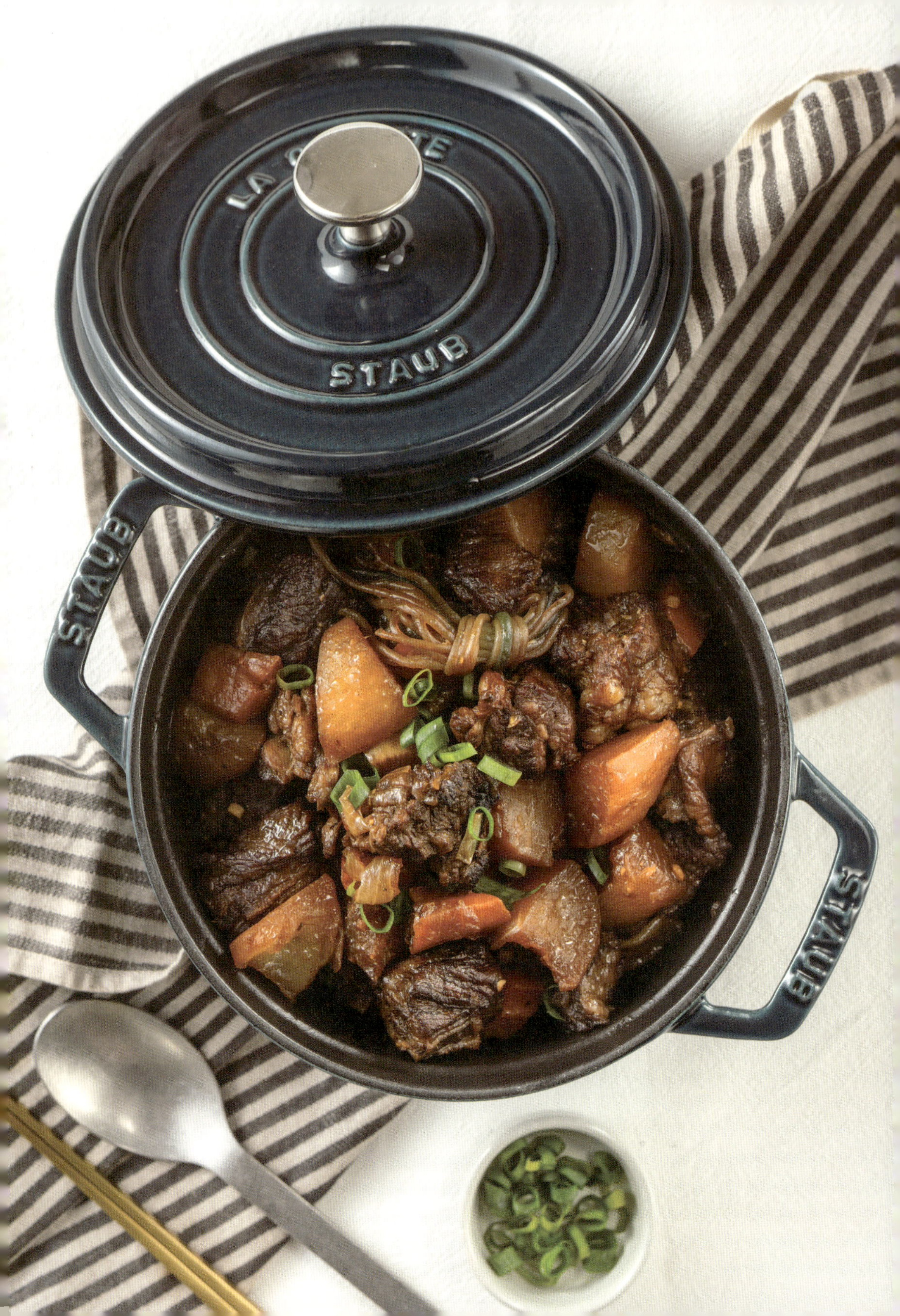
STAUB
STAUB
STAUB

和風燉牛肉

| 烹 調 | 24cm 和食鍋
| 擺 盤 | 24cm 圓鍋
| 時 間 | 60 分鐘
| 份 量 | 8 人份

食譜提供
Jessica Lu

CHAPTER 03 [燉煮]

材 料

牛肋條	約 1 斤（600g）
白蘿蔔	1 根
紅蘿蔔	1 根
洋蔥	1 顆
蒟蒻絲	1 盒
食用油	2 大匙

【調味料】

醬油	4 大匙
味醂	3 大匙
米酒	2 大匙
味噌	1 大匙

作 法

1. 牛肋切成約 5cm 塊狀。洋蔥、紅蘿蔔、白蘿蔔切塊。蒟蒻絲洗淨後汆燙備用。

2. 鍋熱後加油 2 大匙，將牛肋放入，煎至金黃後取出。

3. 原鍋放入洋蔥、紅蘿蔔拌炒一下，再放入白蘿蔔，並加入醬油、味醂和米酒。

4. 放入牛肋和蒟蒻絲，煮滾後蓋上鍋蓋，以米粒火燜煮約 50 分鐘。

5. 肉熟透後放入味噌調味，上蓋，煮到入味即完成，可再依喜好撒少許蔥花點綴。

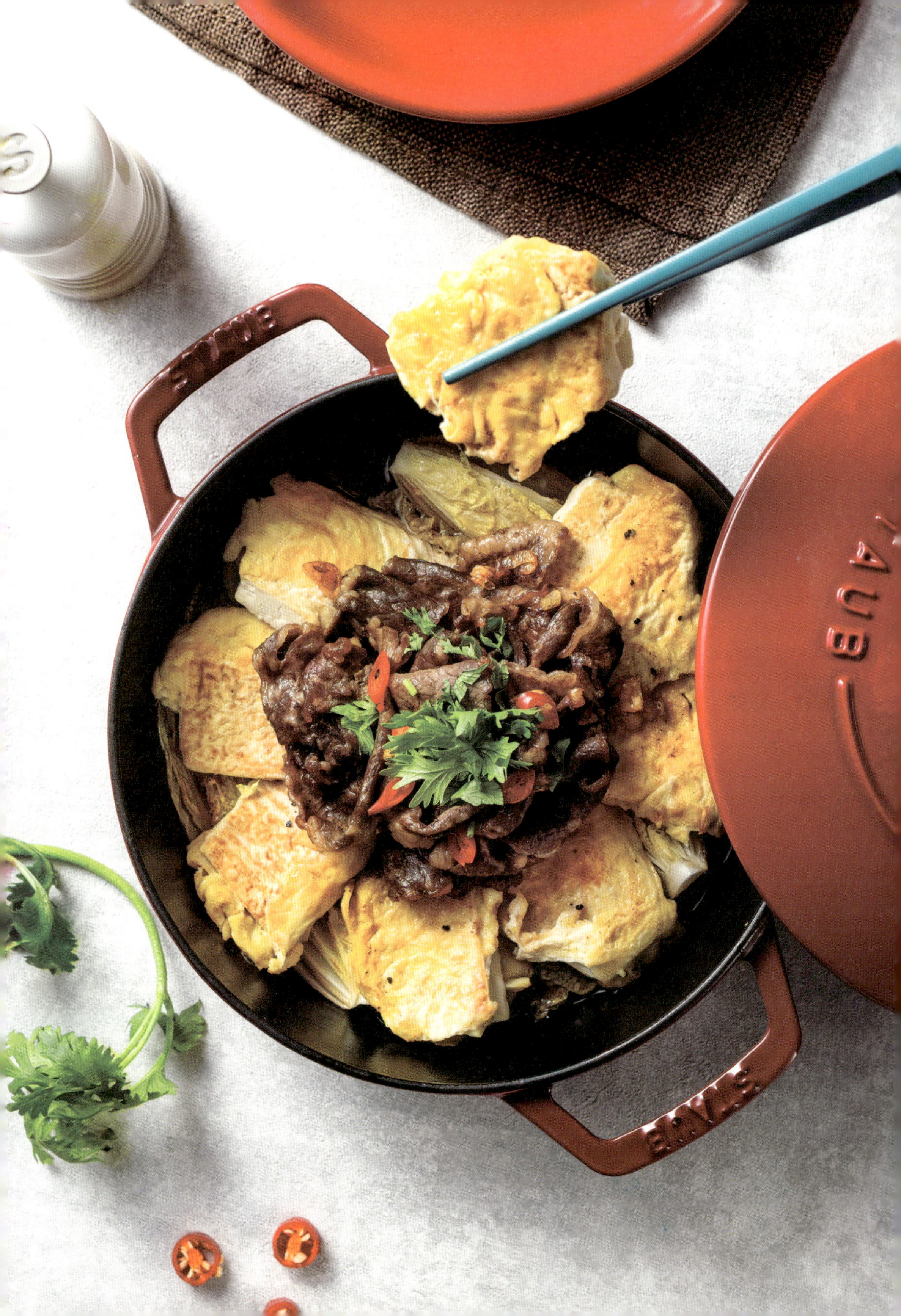
STAUB
STAUB

肥牛白菜燉豆腐

食譜提供
莎莎

| 烹 調 | 24cm 圓鍋
| 擺 盤 | 20cm 雙耳煎鍋
| 時 間 | 20-30 分鐘
| 份 量 | 4 人份

材料

肥牛肉片	200g
白菜	150g
板豆腐	1 盒
雞蛋	2 顆
蒜頭	2 瓣
薑片	3 片

【醃料】

醬油	1/2 大匙
米酒	1/2 大匙
白胡椒粉	少許

【調味料】

米酒	2-3 大匙
醬油	1-2 大匙
紅蔥醬	1/2 大匙
白胡椒粉	少許
醋（點綴用）	少許
香油（點綴用）	少許

作法

1 牛肉片用【醃料】抓捏均勻、醃入味備用，約 10 分鐘。

2 白菜切大片。蒜頭切末。

3 將豆腐切塊（一盒約分切 8 塊），用不沾鍋煎定型後，淋蛋液在豆腐表面煎成豆腐蛋，盛盤備用。

4 取圓鍋，爆香蒜末、薑片，再加入白菜與豆腐蛋。

5 接著加入米酒、醬油、紅蔥醬、白胡椒粉，燉煮 5 分鐘。

6 加入醃好的牛肉片，續煮 3-5 分鐘。

7 起鍋前淋上鍋邊醋、香油增香即可，再依喜好撒辣椒片、香菜葉點綴。

TIP 步驟3也可以直接用鑄鐵鍋煎，但不熟悉的話容易煎破，使用不沾鍋比較好操作。

CHAPTER 03 [燉煮]

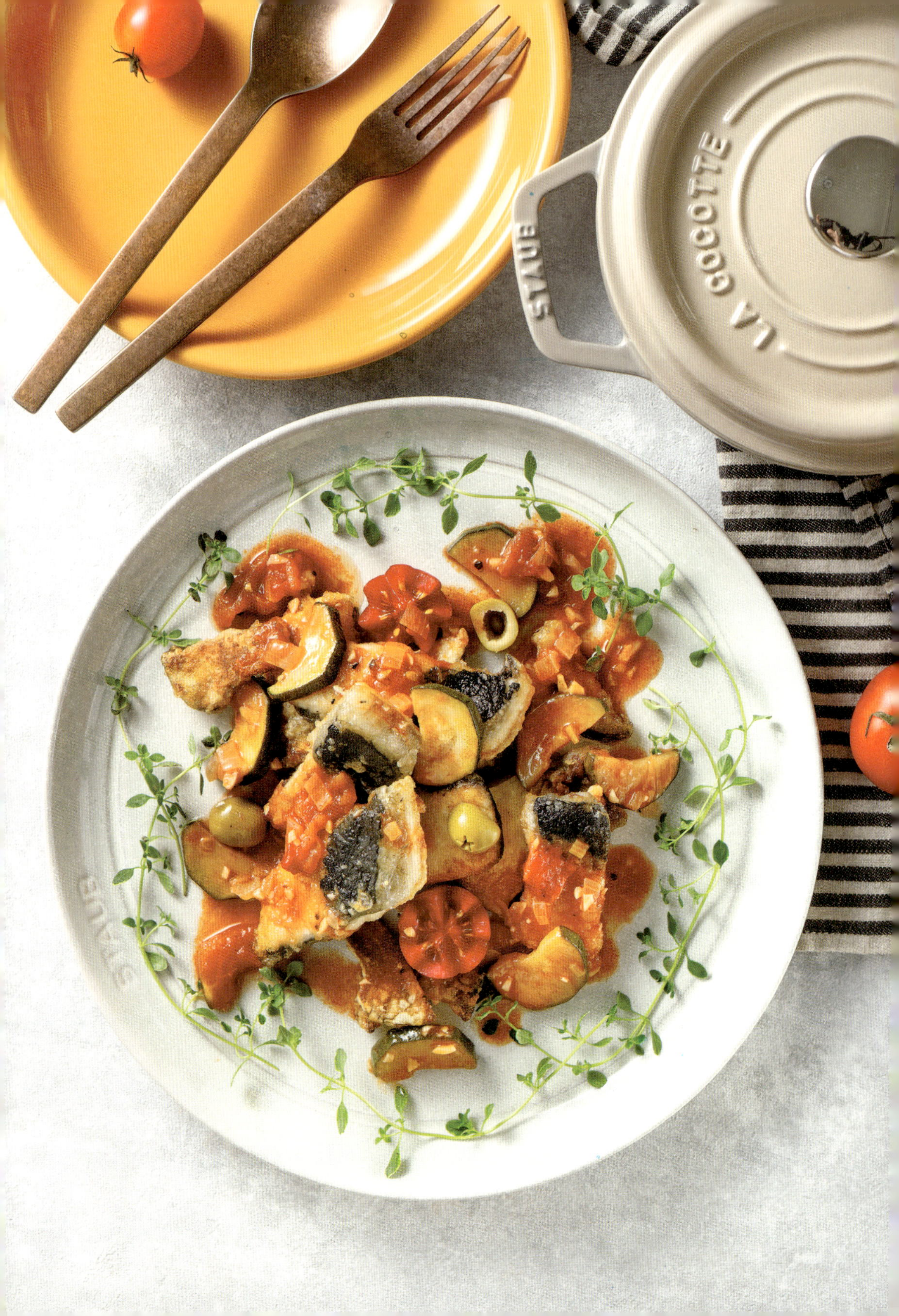
LA COCOTTE
STAUB
STAUB

茄汁虱目魚

食譜提供 / 莎莎

| 烹 調 | 22cm 圓鍋
| 擺 盤 | 26cm 餐盤
| 時 間 | 15 分鐘
| 份 量 | 2-3 人份

材料

無刺虱目魚肚	1 片
番茄	中型 1 顆
（或8-10顆小番茄）	
洋蔥	1/4 顆
櫛瓜	1/2 條
西洋芹	1 大匙
青橄欖	3-4 顆
杏鮑菇	1 根
蒜末	1 小匙
地瓜粉	1-2 大匙
香菜末（點綴用）	少許
檸檬汁（點綴用）	少許

【調味料】

鹽	適量
胡椒粉	適量
番茄醬	1 小匙
米酒	1-2 大匙
味醂	1 大匙
巴薩米克醋	1 小匙

作法

1 番茄切小塊。青橄欖對半切。櫛瓜、杏鮑菇切片。洋蔥、西洋芹均切末。

2 虱目魚切片，抹上適量的鹽與胡椒粉調味，再均勻沾裹地瓜粉，入鍋煎定型備用。

3 鍋中加入番茄、洋蔥、櫛瓜、西洋芹、青橄欖、杏鮑菇、蒜末、番茄醬、米酒、味醂，蓋上鍋蓋煮 5 分鐘。

4 開蓋後加入虱目魚，淋上巴薩米克醋，上蓋續煮 3 分鐘。

5 起鍋前撒上百里香或香菜等點綴，並擠上檸檬汁即完成。

威尼斯燉魚

| 烹 調 | 33cm 魚拓鍋
| 擺 盤 | 33cm 魚拓鍋
| 時 間 | 40 分鐘
| 份 量 | 4 人份

食譜提供
Joyce Huang

材料

海鱸魚	1 尾
墨魚（或透抽）	1 尾
大白蝦	8 尾
蛤蠣（大）	8 個
油漬鯷魚罐頭	4 片
大番茄	6 顆
紫洋蔥	1 顆
蒜頭	4 瓣
檸檬	1.5 顆
月桂葉	3-4 片
茴香籽	1 大匙
去核黑橄欖	8 顆
新鮮荷蘭芹	1 小把
橄欖油	2 大匙
法國長棍麵包	1 條
奶油	10g

【調味料】

白葡萄酒	50cc
鹽	2 小匙
黑胡椒	1 小匙

作法

1. 墨魚（或透抽）切圈，番茄切塊，洋蔥切絲，蒜頭切末。檸檬半顆壓汁、一顆切成檸檬角備用。

2. 熱鍋下奶油，將切片的法國麵包煎至兩面金黃上色，取出備用。

3. 熱鍋倒入橄欖油，放入洋蔥、蒜末、鯷魚先爆香炒至金黃色，再加入番茄、茴香籽、黑橄欖及月桂葉拌炒 3 分鐘。

4. 加入白葡萄酒、鱸魚、鹽及黑胡椒，蓋上鍋蓋，以米粒火燉煮 6 分鐘後，將魚翻面，再放入墨魚（或透抽）煮 2 分鐘。

5. 放入大白蝦及蛤蠣，不上蓋續煮至熟且微收汁後熄火，淋上檸檬汁。

6. 把煮好的燉魚加上檸檬角、荷蘭芹，與法國麵包一起擺盤後即可上桌享用。

CHAPTER 03 〔燉煮〕

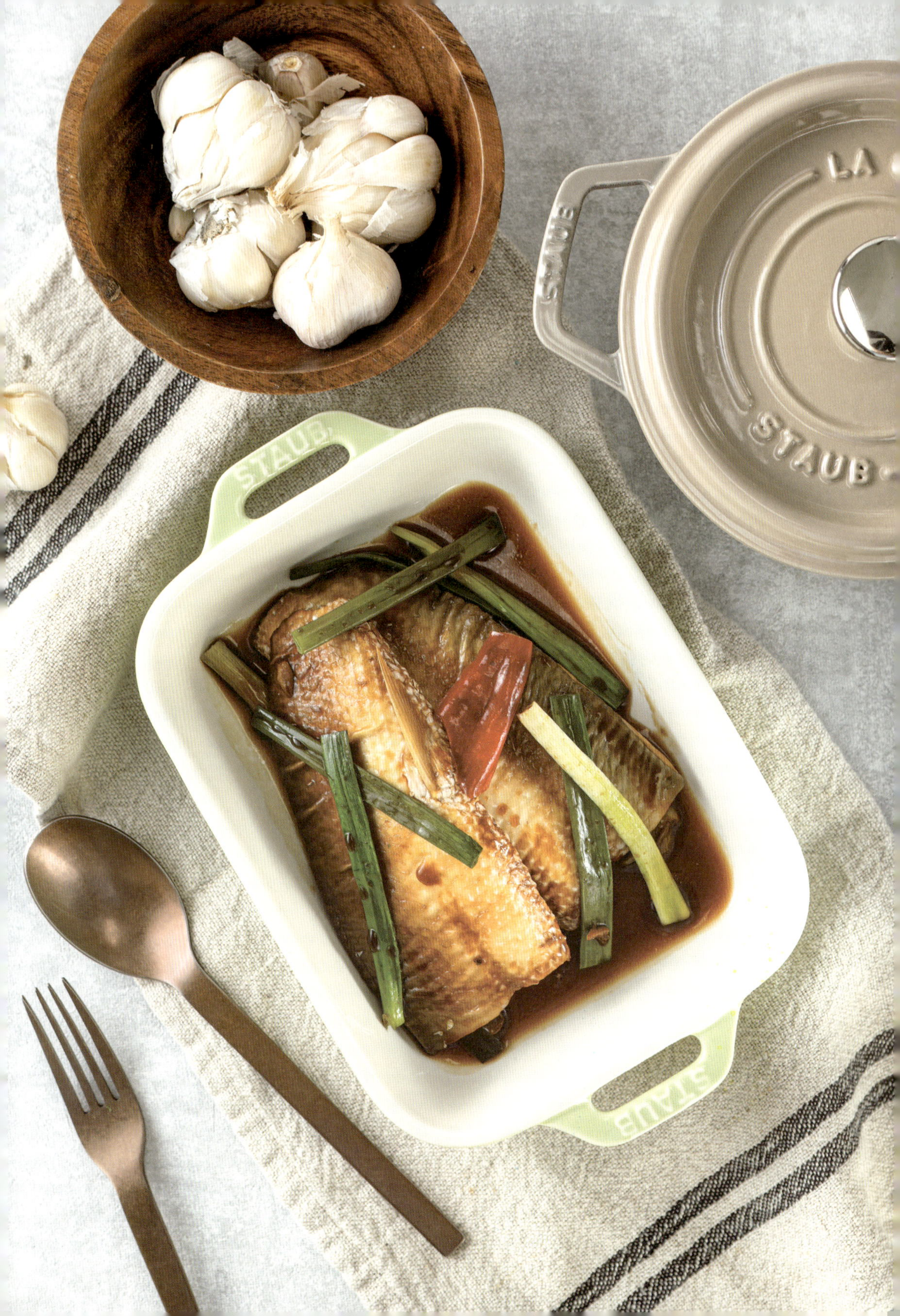

滷虱目魚肚

食譜提供
張小蛙

| 烹　調 | 24cm 和食鍋
| 擺　盤 | 20x10cm 馬卡龍烤盤
| 時　間 | 15 分鐘
| 份　量 | 2-3 人份

材料

無刺虱目魚肚 ..... 1 片（約 230g）
蔥 ..... 2 根
薑片 ..... 6 片
蒜頭 ..... 6 瓣
粗辣椒 ..... 1 小段
水 ..... 1 米杯（180cc）
食用油 ..... 1 大匙

【調味料】

冰糖 ..... 1 大匙（18g）
蠔油 ..... 2 大匙
醬油 ..... 1 大匙

作法

1. 將魚片自魚尾分切為二，蔥切成 3-4 段（蔥白、蔥綠分開），蒜頭拍碎或壓碎，辣椒剖開去籽。

2. 熱鍋冷油，中小火煸薑片至邊緣微捲，再放入辣椒段、蒜頭、蔥白段炒香。

3. 轉米粒火加入冰糖，炒至融化，再依序加入蠔油、醬油、水，試一下醬汁鹹度。

4. 把魚片入鍋，從底部撈一些醬汁淋在魚片上，使其充分浸到醬汁。

5. 醬汁煮滾後放入蔥綠段，蓋上鍋蓋煮 3-5 分鐘，關火燜 5 分鐘即完成。

TIP
◆ 挑選低辣度辣椒，增加配色但不辣口。
◆ 魚片厚度不一，可自行斟酌燜煮時間。
◆ 各家醬油、蠔油鹹度不同，可根據個人喜好調整用量。

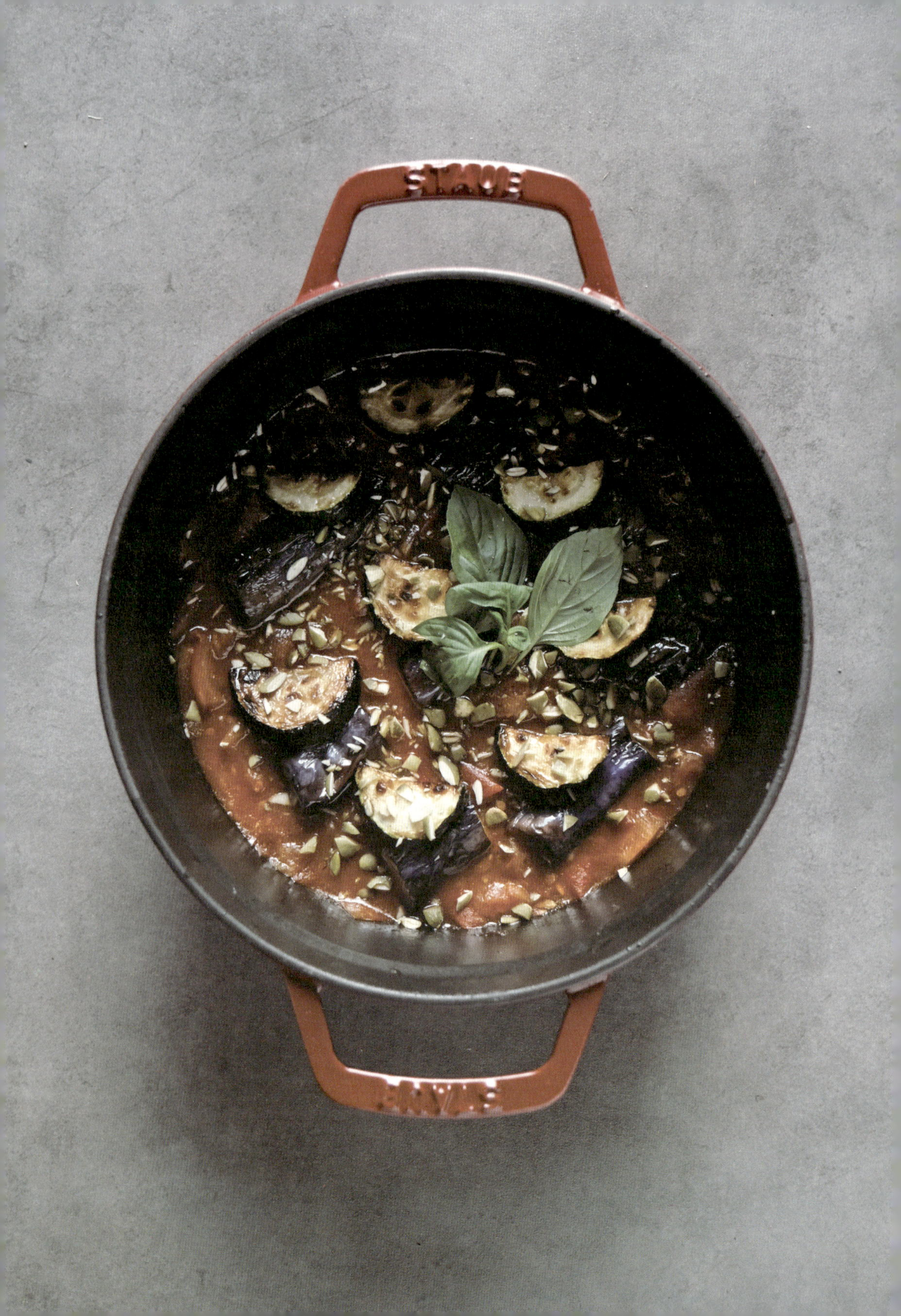

番茄燉菜

食譜提供
Ozzy

| 烹 調 | 24cm 圓鍋
| 擺 盤 | 24cm 圓鍋
| 時 間 | 45 分鐘
| 份 量 | 4-6 人份

材料

番茄	6 顆
茄子	3 條
櫛瓜	1 條
九層塔	8-10g
橄欖油	3-4 大匙
葵花籽	5g

【調味料】

鹽	10g
糖	20g
粗粒黑胡椒	少許
濁水琥珀醬油（常鹽）	2 大匙
米粒醬油	4 大匙

作法

1. 茄子切塊，加入一點鹽，待出水後再過水洗一下，於鍋中用橄欖油煎軟後備用。

2. 櫛瓜切半圓形片後，在鍋中，用煎茄子剩下的油煎半生熟備用。

3. 番茄切丁後，加入鍋中熬煮 15 分鐘至出汁。

4. 再加入糖、九層塔（保留少許於最後做裝飾）、粗粒黑胡椒、琥珀醬油與米粒醬油調味。

5. 加入茄子，再煮 5-10 分鐘。

6. 把煎好的櫛瓜置於表面，最後加入九層塔葉，撒下切碎葵花籽點綴後即完成。

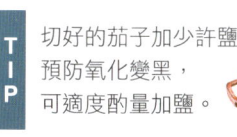

TIP 切好的茄子加少許鹽預防氧化變黑，可適度酌量加鹽。

娃娃菜燉菜

食譜提供
Ozzy

| 烹 調 | 24cm 圓鍋
| 擺 盤 | 24cm 圓鍋
| 時 間 | 45 分鐘
| 份 量 | 4-6 人份

材料

娃娃菜	10 小顆
紅蘿蔔	1/2 根
鮮香菇	300g
炸豆包	3 個
生豆包	3 個
植物油	3-5 大匙

【調味料】

二砂糖	1 大匙
原汁壺底油	3 大匙
米粒醬油	4 大匙

作法

1. 將娃娃菜對切,紅蘿蔔手工切絲,鮮香菇切片,炸豆包與生豆包皆切條。

2. 將紅蘿蔔、鮮香菇分別用植物油爆香,再用2大匙米粒醬油和糖一同炒香備用。

3. 鍋中加入適量的油,把娃娃菜放入炒熟(過程中體積會慢慢變小,並產生水分)。

4. 待娃娃菜出汁後,把爆香的紅蘿蔔與鮮香菇加入鍋中,再加入炸豆包與生豆包,燉煮約 5-10 分鐘(過程中如果水分不足,可適量加入些許開水燉煮)。

5. 用原汁壺底油與2大匙米粒醬油做最後調味即可。

CHAPTER 03 ［燉煮］

= CHAPTER FOUR =

= DELICIOUS EVERYDAY =

≡ CHAPTER FOUR ≡

4
燜蒸

透過熱循環留住原味的
瞬熱料理

≡ DELICIOUS EVERYDAY ≡

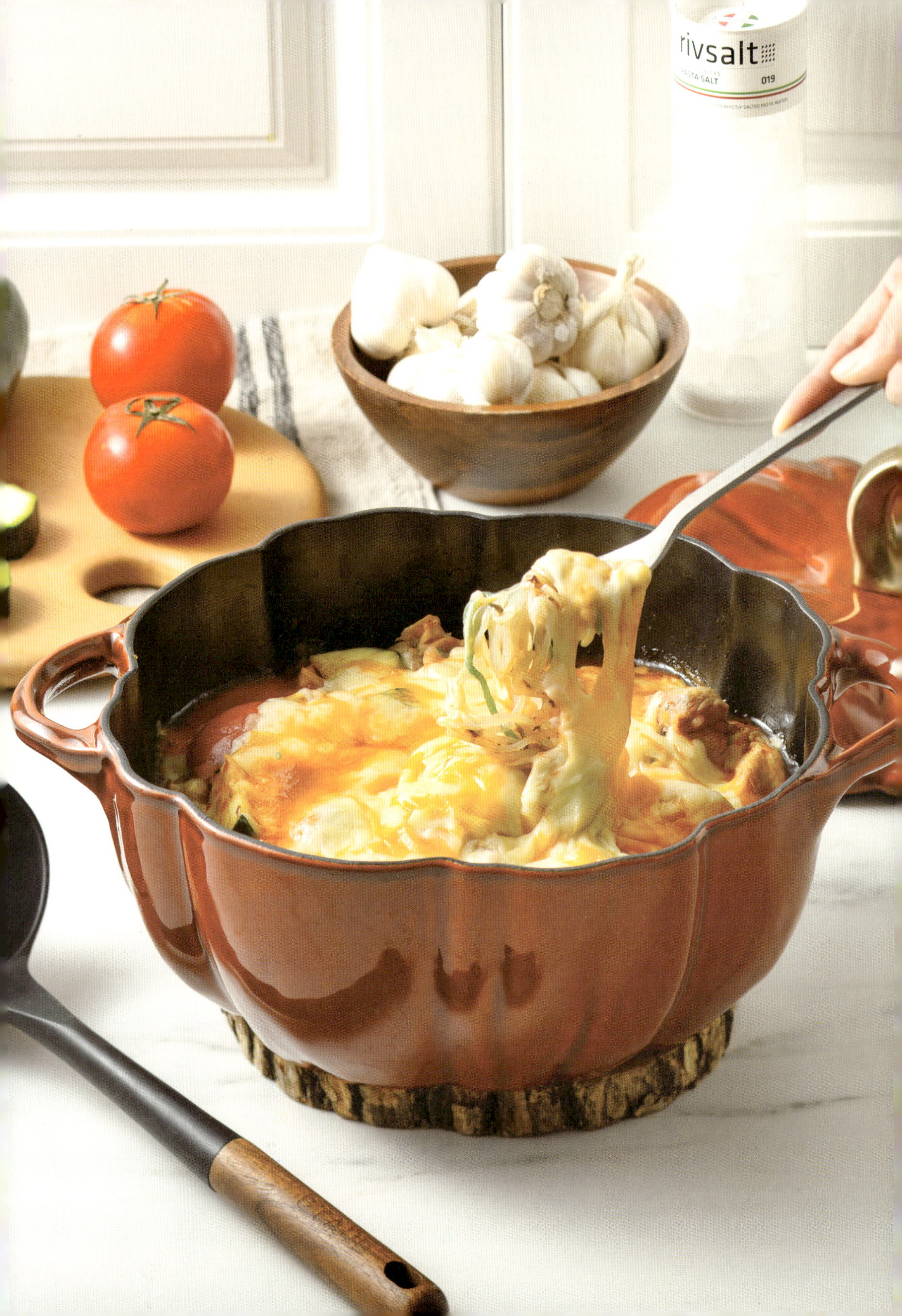
rivsalt
PASTA SALT
019

番茄燜雞

食譜提供
Coco

| 烹 調 | 26cm 淺燉鍋
| 擺 盤 | 24cm 南瓜鍋
| 時 間 | 20 分鐘
| 份 量 | 4 人份

材料

去骨仿雞腿　　1 隻（約 500g）
杏鮑菇　　　　　　　　200g
牛番茄　　　　　　　　300g
櫛瓜　　　　　1 條（200g）
洋蔥　　　　1/2 顆（150g）
蒟蒻絲　　　　1 盒（208g）
起司絲　　　　　　　　200g
奶油　　　　　　　　　 10g

【醃料】
鹽　　　　　　　　　1 小匙
米酒　　　　　　　　1 小匙
白胡椒粉　　　　　　　少許

【調味料】
番茄醬　　　　　　　4 大匙
糖　　　　　　　　　1 大匙
義式綜合香料　　　　1 大匙

作法

1 雞肉切塊，先用【醃料】醃製約半小時備用。

2 洋蔥切絲，番茄、櫛瓜、杏鮑菇皆切滾刀塊。

3 鍋中下奶油煸炒雞肉至有香氣。

4 再放入杏鮑菇、洋蔥、番茄、蒟蒻絲和櫛瓜。

5 加入番茄醬、糖、義式綜合香料，翻炒拌勻，煮滾後放入起司絲，轉米粒火煮 10 分鐘即完成。

CHAPTER 04 [燜蒸]

夏威夷雞肉卷

| 烹 調 | 23cm 橢圓鍋、24cm 煎烤盤
| 擺 盤 | 26cm 餐盤
| 時 間 | 15 分鐘
| 份 量 | 4 人份

食譜提供
Catherine Huang

｜材 料｜

雞胸肉	1 副（300-400g）
糖煮鳳梨芯	2 根
火腿片	2 片
起司絲	適量
奶油	10g
水（蒸煮用）	50cc

【醃 料】
紅椒粉	適量
黑胡椒粒	適量
鹽	4g

【工 具】
棉線	1 條
烘焙紙	2 張（30x25cm）

｜作 法｜

1 雞胸肉以片刀由不規則邊片開呈蝴蝶片狀，輕打肉片後加入【醃料】，密封冷藏至少 2 小時。

2 攤開雞胸肉，上下擺放對切的火腿後，再放上瀝乾的鳳梨芯、鋪上起司絲，將肉片捲起。總共製作兩卷。

3 準備一條棉繩剪成 8 等分，在每條肉卷上，平均綁上 4 段棉繩。

4 將兩條肉卷分別用烘焙紙包覆，左右兩端收口扭緊。

5 在橢圓鍋內置入 50cc 開水預熱，上蓋小火蒸煮 5 分鐘。

6 取出蒸煮好的雞肉卷，拿下烘焙紙，拭乾水分。

7 預熱煎烤盤，放入奶油，再放入雞肉卷外皮煎至上色。

8 剪開棉繩，擺盤即完成。

TIP
◆ 喜肉多者，可選擇公雞肉，蒸煮的時間需增加。
◆ 雞肉卷盡可能分別包覆烘焙紙，較易蒸熟。
◆ 糖煮鳳梨芯作法：將鳳梨芯取下後，以糖 2 大匙及少量水煮至沸騰，冷卻後便可使用。
◆ 鳳梨芯務必煮過，減少酵素影響肉質，也能更增添風味。

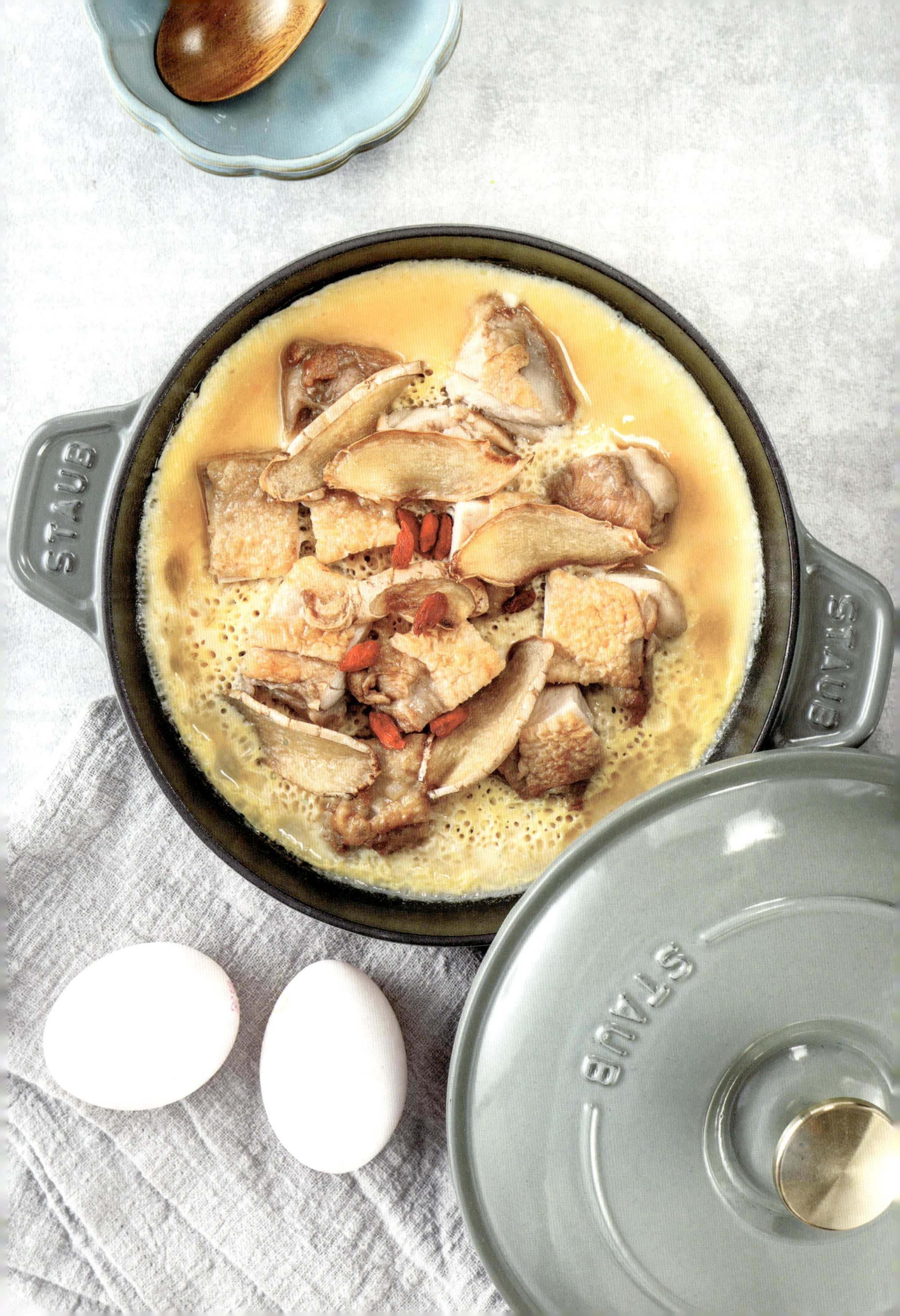
STAUB
STAUB
STAUB

麻油雞腿蒸蛋

食譜提供
張小蛙

| 烹　調 | 20cm 圓煎鍋
| 擺　盤 | 20cm 雙耳煎烤盤
| 時　間 | 15 分鐘
| 份　量 | 2-3 人份

材料

去骨雞腿	1 隻
雞蛋	2 顆
薑	5-6 片（16g）
枸杞	12-15 粒
食用油	1/2 小匙
麻油	1 小匙
水	60cc

【醃料】
白胡椒　2g
鹽　2g

【調味料】
米酒　2 小匙

作法

1. 雞腿洗淨擦乾，用【醃料】抓醃靜置 7-8 分鐘。

2. 中小火熱鍋後加食用油潤鍋，出現油紋後，雞皮朝下米粒火慢煎，煎至雞皮微金黃後翻面，雞肉呈白色不用全熟。

3. 雞肉起鍋，切成適口大小備用。

4. 原鍋雞油保留，放入薑片煸香至邊緣捲起。

5. 將雞肉倒回鍋中，加麻油稍微翻炒，再將米酒、水入鍋，煮滾後測試鹹度。

6. 蓋上鍋蓋，以米粒火燜煮 6 分鐘。

7. 取一容器將蛋打散，開蓋將蛋液淋入鍋中，蓋上鍋蓋煮 1 分鐘，開蓋放入枸杞後，關火燜 3 分鐘即可。

TIP
- 麻油若在步驟 4 放入的話，因鍋溫太高會使麻油發苦，建議步驟 5 再加。
- 雞肉已事先抓醃，與調味料煮滾後會釋放鹹度，可依個人喜好增減鹽的用量。

貴公雞丁

食譜提供
湯聖偉

| 烹 調 | 18cm 圓鍋
| 擺 盤 | 20cm 煎鍋
| 時 間 | 20 分鐘
| 份 量 | 4 人份

材 料

去骨雞腿 300g
洋蔥 .... 1/2 顆
蔥 .... 2 根
蒜頭 .... 3 瓣
九層塔 .... 1 把
無鹽奶油 3g

【調味料】
蠔油 .... 1 大匙
水 .... 2 大匙
糖 .... 1 小匙
米酒 .... 1 大匙
黑胡椒 .... 1 大匙

【醃 料】
醬油 .... 1 大匙
全蛋液 .... 1 大匙
太白粉 .... 1/2 大匙

作 法

1 雞肉切塊，加入【醃料】醃製備用。

2 洋蔥切絲，蔥切段，蒜頭切末備用。

3 將步驟 2 的食材全部鋪在鍋底，再將醃好的雞肉鋪在上面。

4 取一個空碗，將【調味料】攪拌均勻，淋在雞肉上，再放上無鹽奶油，蓋上鍋蓋小火燒 16 分鐘。

5 待雞肉全熟後下九層塔攪拌均勻即可。

CHAPTER 04 [燜蒸]

花開富貴鹹豬肉煲

| 烹　調 | 28cm 淺燉鍋
| 擺　盤 | 28cm 淺燉鍋
| 時　間 | 10 分鐘
| 份　量 | 4 人份

食譜提供
Coco

材料

鹹豬肉　200g（約 1/2-1/3 條）
金針菇　1 包
娃娃菜　2 顆
紅蘿蔔　1 根
水　50cc

作法

1 鹹豬肉切片，金針菇去頭撥散，娃娃菜切頭剝開，紅蘿蔔去皮刨片。

2 先將娃娃菜葉鋪排在鍋底，金針菇放在菜葉上，再把鹹豬肉放在每一片菜葉上，紅蘿蔔做成圓形。

3 在每一片鹹豬肉上淋一點點水，上蓋中火煮 2 分鐘，轉米粒火煮 8 分鐘後熄火，打開鍋蓋即可上菜。

TIP
◆ 鹹豬肉選用生的或熟的都可以。
◆ 蒸好後可以再加蒜苗片一起吃，層次更豐富！

CHAPTER 04 [燜蒸]

栗子南瓜軟排

食譜提供
Jessie You

| 烹 調 | 20cm 雙耳煎鍋
| 擺 盤 | 20cm 雙耳煎鍋
| 時 間 | 25 分鐘
| 份 量 | 2-3 人份

材料

豬小排 300g
栗子南瓜 .... 1 顆

【醃料】
蒜末 .... 些許
薑末 .... 些許
糖 .... 1/4 大匙
醬油 .... 1 大匙
太白粉 .... 1/2 大匙
麻油 .... 1/4 大匙
米酒 .... 1/4 大匙
豆瓣醬 .... 1 大匙

【調味料】
醬油 .... 2 大匙
米酒 .... 1/2 大匙
糖 .... 1/4 大匙
水 200cc

作法

1 豬小排洗淨,以【醃料】稍微抓醃,靜置 30 分鐘。

2 栗子南瓜洗淨,帶皮切成適口大小備用。

3 熱鍋,乾煎豬小排至金黃上色。

4 將栗子南瓜沿著鍋邊擺一圈,中間放著煎好的豬小排,倒進事先拌勻的【調味料】,以中小火煮 20 分鐘即完成。

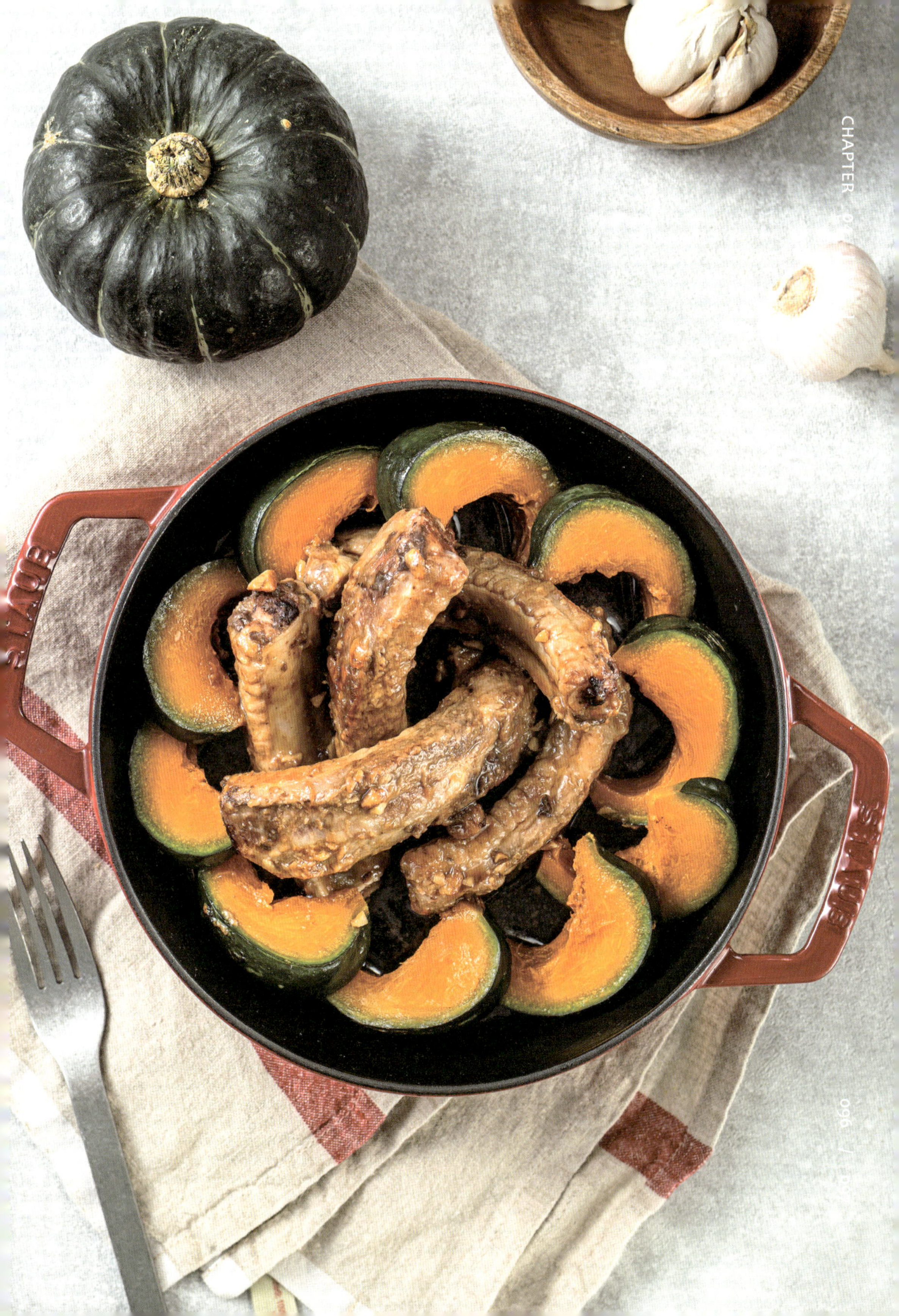
STAUB

醬燒雙菇干絲豚肉

| 烹 調 | 20cm 雙耳煎鍋
| 擺 盤 | 16cm 和食鍋
| 時 間 | 30 分鐘
| 份 量 | 2-3 人份

食譜提供
Jessie You

材 料

豬五花火鍋肉片 250g
高麗菜 .... 1/3 顆
紅蘿蔔 .... 1 根
鴻喜菇 .... 1/2 包
美白菇 .... 1/2 包
食用油 .... 適量

【調味料】
鹽 .... 少許
白芝麻 .... 少許

【醬汁】
醬油 .... 2 大匙
芝麻油 .... 1 小匙
味醂 .... 1 小匙
米酒 .... 1 小匙
砂糖 .... 1 小匙
蒜末 .... 些許
薑末 .... 些許
洋蔥（切細條狀）...... 1/2 顆
辣椒（切末）............. 1 根

作 法

1 高麗菜與紅蘿蔔切絲，鴻喜菇、美白菇的根部切除後剝開。

2 鍋中下食用油，加入些許鹽，再依序放入高麗菜絲、紅蘿蔔絲、鴻喜菇、美白菇，再撒上些許鹽巴，上蓋中小火燜煮 15 分鐘。

3 趁燜煮時間，將【醬汁】的材料混合調勻備用。

4 燜煮 15 分鐘後，開蓋稍微拌炒一下，擺上五花肉片，以中小火燜煮 5 分鐘後關火，再燜 10 分鐘至肉片熟透。

5 上桌前，淋上醬汁，並撒上些許白芝麻即完成。

CHAPTER 04 [燜蒸]

辣味噌野菜松阪豬

食譜提供 Jane Chuang

| 烹 調 | 26cm 煎鍋　　| 時 間 | 20 分鐘
| 擺 盤 | 16cm 和食鍋　| 份 量 | 4-6 人份

材料

松阪豬	350g
高麗菜	150g
青椒	1 個（50g）
紅蘿蔔	30g
木耳	1 朵（25g）
鴻喜菇	1/2 小包（75g）
蔥	1 根
辣椒	1 根
蒜頭	1 瓣（5g）
水	30-50cc

【醃料】

味噌	1.5 大匙
辣豆瓣醬	1.5 大匙
清酒	1 大匙
味醂	1 大匙
糖	1/2 大匙

【調味料】

清酒	1 大匙
白胡椒粉	少許
醬油（需要時加）	1 小匙

作法

1. 松阪豬切成片狀，加入拌勻的【醃料】，攪拌均勻後醃 30 分鐘。

2. 高麗菜剝成適量大小，青椒、木耳與紅蘿蔔切絲，鴻喜菇一朵一朵剝開，蔥切段（蔥綠與蔥白分開），辣椒切斜片，蒜頭切末。

3. 熱油，炒香蔥白與蒜末，轉中小火依序放入高麗菜、紅蘿蔔、鴻喜菇、木耳，最頂端放上醃好的松阪豬。

4. 從鍋邊淋上清酒，需要時可再加入 30-50cc 水，蓋上鍋蓋轉米粒火燜煮 8-10 分鐘。

5. 開蓋，確認豬肉片熟透後，加入青椒、蔥綠、辣椒、白胡椒粉翻炒，試味道，如不夠鹹再酌量加入醬油調味，拌炒均勻即可起鍋。

TIP

- 可以用米酒：糖＝1：1 的方式替代清酒。
- 松阪豬可以替換成其他肉片，如牛肉片、豬五花肉片等等。
- 每一品牌的味噌、辣豆瓣醬鹹度略有不同，請按個人口味酌量使用。
- 若不喜歡太辣，可調整味噌與辣豆瓣醬比例。

CHAPTER 04 [燜菜]

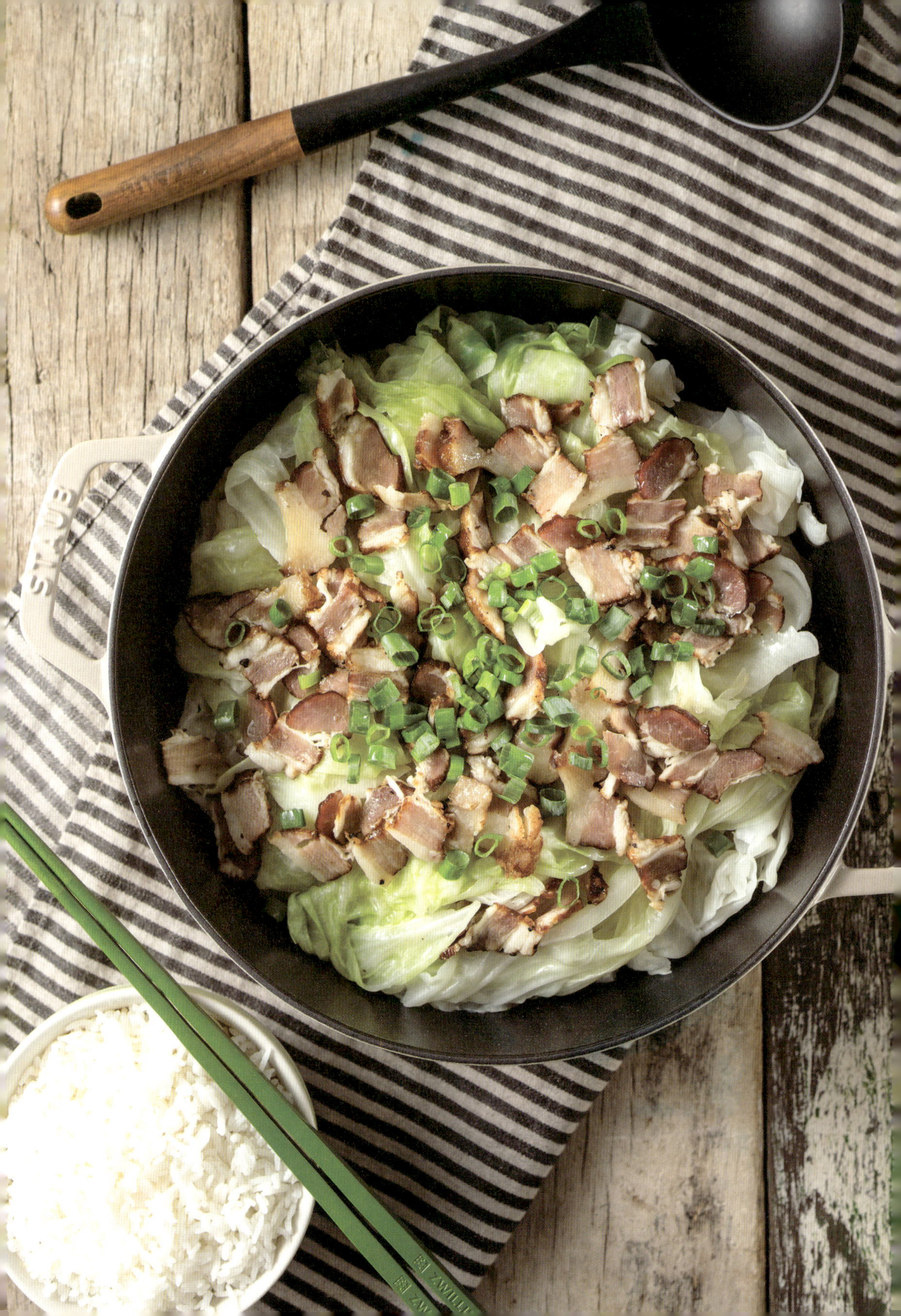

無水高麗菜蒸臘肉

食譜提供
江佳君

| 烹 調 | 26cm 淺燉鍋
| 擺 盤 | 26cm 三合一淺燉鍋
| 時 間 | 20 分鐘
| 份 量 | 4 人份

材料

臘肉　　　　　　300g
高麗菜　　　　　600g
蔥花　　　　　　少許

作法

1. 臘肉去皮切片（不要超過 0.5cm），高麗菜切小塊。

2. 先將高麗菜平均鋪在鍋底，再把臘肉鋪在高麗菜上，蓋上鍋蓋，以米粒火煮 20 分鐘後，燜 10 分鐘。

3. 食用前撒些蔥花即可。

牛肉煲

| 烹 調 | 18cm 圓鍋
| 擺 盤 | 迷你煲鑄鐵鍋
| 時 間 | 10 分鐘
| 份 量 | 4 人份

食譜提供
湯聖偉

材 料

牛肉片　　　300g
洋蔥　　　　1/2 顆
蔥　　　　　2 根
辣椒　　　　1 根
蒜頭　　　　3 瓣
薑　　　　　1 塊
九層塔　　　1 把

【醃 料】
醬油　　　　1 大匙
全蛋液　　　1 大匙
太白粉　　　1/2 大匙

【醬 汁】
蠔油　　　　1 大匙
糖　　　　　1 小匙
紹興酒　　　1 大匙
水　　　　　1 大匙

作 法

1 牛肉片以【醃料】醃製備用。

2 洋蔥切絲，蔥切段，辣椒切段，蒜頭切末，薑切末。

3 將步驟 2 的所有食材鋪在鍋子裡，再將醃好的牛肉平均鋪在洋蔥上面。

4 取一個空碗，將【醬汁】的材料攪勻調好。

5 把醬汁淋在牛肉上面，蓋上鍋蓋米粒火燒 8 分鐘，待牛肉熟後，關火將九層塔下鍋攪拌均勻即可。

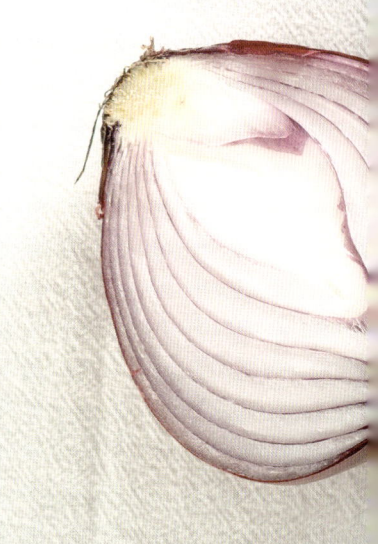

CHAPTER 04 [燗蒸]

海鱸魚麵線卷蒸絲瓜

| 烹 調 | 26cm 淺燉鍋
| 擺 盤 | 28cm 淺燉鍋
| 時 間 | 15 分鐘
| 份 量 | 4 人份

食譜提供
Catherine Huang

材料

海鱸魚	1 條
薑黃麵線	1 小把（12g）
絲瓜	1 條
蔥	3 根
薑片	8 片
油蔥酥	適量
枸杞	適量
食用油	1 小匙

【醃料】

米酒	2 大匙
鹽	1 小匙
麻油	1 小匙
味噌	1 小匙
蔥薑水	20cc

【調味料】

| 麻油 | 1 小匙 |
（取一小部分用來拌麵線）
鹽	1 小匙
米酒	10cc
水	30cc

作法

1. 薑切絲，蔥 2 根切段、1 根切絲。取部分薑絲及 1 根蔥的蔥段，加上少量水，抓出汁液拌合成蔥薑水。

2. 將海鱸魚片下兩側肉片，挑出魚刺及保留完整頭尾。兩大塊魚片分切為各 4 片後，分別從中間片開（不切斷），展開成蝴蝶片，與魚頭及魚尾用拌勻的【醃料】醃漬密封冷藏 2 小時。

3. 麵線燙軟後取出瀝乾，拌少許麻油防沾黏。

4. 絲瓜去皮切成厚度 1cm 圓片（共 8 片），每片以小匙挖出 5 元硬幣大小的絲瓜肉。

5. 以魚片包覆薑絲及蔥絲，捲起後以燙好的麵線纏繞固定。

6. 鍋熱下油，將蔥段及剩餘薑絲爆香後熄火。

7. 鍋中擺放 8 片絲瓜，絲瓜上撒鹽及油蔥酥，再放入麵線魚卷，中央擺放魚頭及魚尾。

8. 加入麻油、米酒、水，每個魚卷上放一顆枸杞，蓋上鍋蓋，小火煮 15 分鐘。

TIP

◆ 絲瓜切片務必厚度均等，受熱較均勻。表面挖個小洞，可以增加魚卷在絲瓜上的摩擦力，防止蒸煮時滑落。

◆ 青蔥一根切段爆香用，一根製作蔥薑水，另一根切細絲加上薑絲，用來包魚捲。

◆ 枸杞事先泡水浸濕即可。

◆ 醃料調勻拌合後，再醃漬魚。

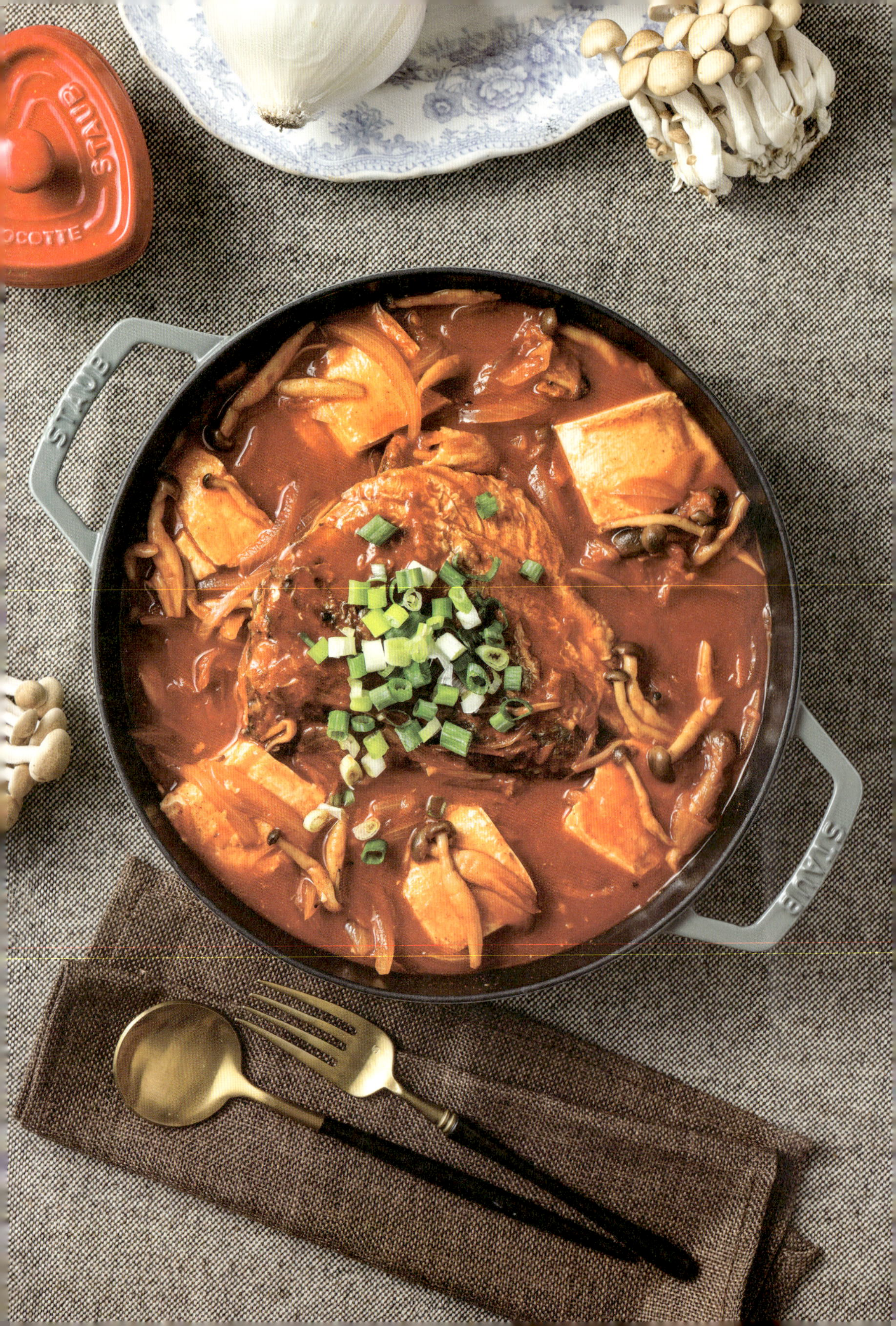
STAUB
STAUB
STAUB

韓式魚頭鍋

| 烹　調 | 28cm 淺燉鍋
| 擺　盤 | 26cm 煎烤盤
| 時　間 | 30 分鐘
| 份　量 | 4 人份

食譜提供 Coco

CHAPTER 04 [燜蒸]

材 料

鮭魚頭	1/2 顆
韓式泡菜	250g
嫩豆腐	1 塊
洋蔥	300g
蔥	1 根
鴻喜菇	1 包
食用油	1 大匙
水	400cc

【醃料】
| 米酒 | 2 大匙 |
| 鹽 | 1 大匙 |

【調味料】
| 韓式辣醬 | 2 大匙 |
（辣醬依個人喜好增減）
| 番茄醬 | 2 大匙 |
| 味醂 | 2 大匙 |

作 法

1　把鮭魚頭用【醃料】醃 15 分鐘。

2　洋蔥切絲，蔥切花備用。

3　起油鍋，煎魚頭至兩面金黃。

4　依序加入洋蔥絲、鴻喜菇炒香，再加入【調味料】拌勻。

5　加入韓式泡菜拌炒均勻後，挖入豆腐，再加入適量的水醃過魚頭，煮滾後計時轉米粒火煮 10 分鐘。

TIP 可自行搭配蝦子、蛤蠣、肉片、黃豆芽等喜歡的食材。

醬筍魚

| 烹 調 | 23cm 橢圓鍋
| 擺 盤 | 23cm 橢圓鍋
| 時 間 | 60 分鐘
| 份 量 | 4-6 人份

食譜提供
Lanlan Chen

材 料

魚 .... 1 尾
醬筍 .... 約 300g
嫩薑（切絲）.................. 1 塊
綠辣椒 .... 10 條
紅辣椒絲（擺盤用）.......... 少許
蔥絲 .... 少許
水 .... 適量
食用油 .... 1 大匙

【 調味料 】

糖 .... 適量
鹽 .... 適量

作 法

1 熱鍋加入 1 大匙油，放入魚，煎到兩面金黃（約五分熟），起鍋備用。

2 在鍋中放入醬筍、薑絲和綠辣椒拌炒，炒至綠辣椒皮澎起、香氣出來，再加入糖、蓋過食材的水量，水滾後，轉米粒火上蓋煮 40 分鐘。

3 開蓋放入魚，續煮 15 分鐘，最後擺入紅辣椒絲、蔥絲即完成。

TIP 示範使用的魚是黑格魚，建議也可用鹹水吳郭魚或虱目魚。

CHAPTER 04 [燜蒸]

奶油蛤蠣透抽

食譜提供
愛兒莎

| 烹 調 | 23cm 橢圓鍋
| 擺 盤 | 21cm 橢圓烤盤
| 時 間 | 10 分鐘
| 份 量 | 2-3 人份

材 料

蛤蠣 200g
透抽 .... 1 尾（約 220g）
洋蔥 .... 1/2 顆
蒜頭 .... 1 瓣（約 6g）
蔥 .... 1/4 根
食用油 .... 1 小匙
水 .... 約 80cc

【調味料】

鹽 .... 1 小匙
黑胡椒粒 .... 1/2 小匙
奶油 10g

作 法

1. 將吐好沙的蛤蠣洗淨，透抽切圓圈（約 2cm），洋蔥切絲，蒜頭切末，蔥切末。

2. 鍋熱後倒入食用油，放入蒜末、洋蔥絲，炒出香味（不用炒軟）。

3. 在洋蔥上放入蛤蠣、透抽後加水，蓋上鍋蓋，用米粒火燜煮約 3-5 分鐘，開蓋確認蛤蠣煮熟開殼即可關火。

4. 開鍋後放入奶油、鹽與黑胡椒粒，趁熱用餘溫拌炒，讓奶油融化即可。

5. 撒上蔥花，完工上菜。

CHAPTER 04 [燜蒸]

鹽麴啤酒蝦

食譜提供
莎莎

| 烹 調 | 三合一煎烤盤
| 擺 盤 | 三合一煎烤盤
| 時 間 | 10 分鐘
| 份 量 | 4 人份

材料

帶頭蝦	12 尾
洋蔥	1/4 顆
薑片	3 片
當歸	2 片
紅棗	3 顆
枸杞	1 小匙
啤酒	2 大匙

【調味料】

鹽麴	1 小匙
黑胡椒粉	適量
鹽	適量

作法

1 將蝦子洗淨後去腸泥備用。洋蔥切絲。

2 鍋底先鋪上洋蔥絲,再把蝦子鋪排整齊,加入啤酒、鹽麴、薑片、當歸、紅棗、枸杞、黑胡椒,蓋上鍋蓋,燜煮 5-8 分鐘。

3 最後以鹽巴調味即完成。

CHAPTER 04 【焖蒸】

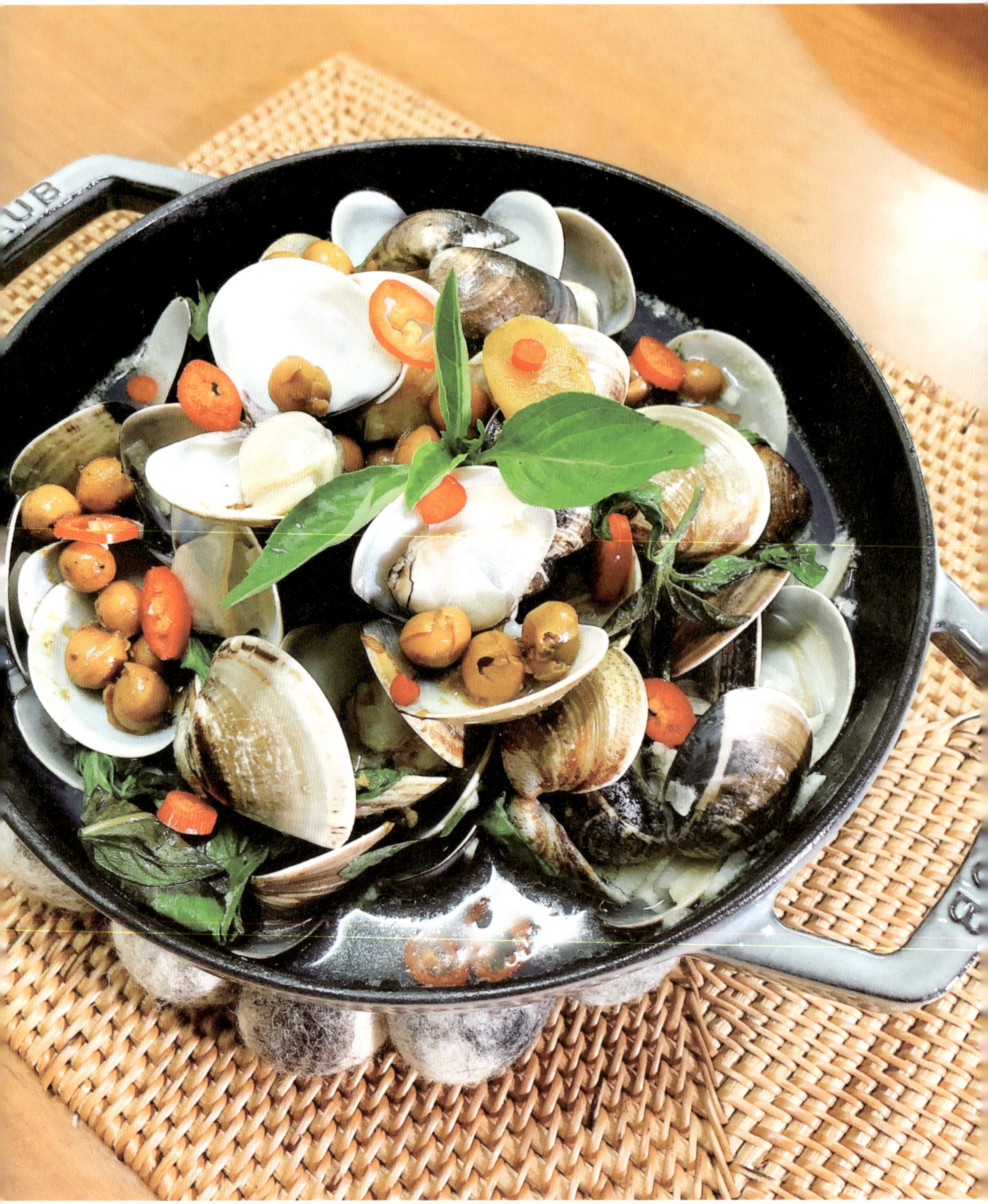

破布子蛤蠣

食譜提供
Lanlan Chen

| 烹　調 | 22cm 雙耳煎鍋
| 擺　盤 | 22cm 雙耳煎鍋
| 時　間 | 20 分鐘
| 份　量 | 4 人份

材 料

| 蛤蠣　　　　1 斤（600g）
| 蒜頭　　　　　　　6 瓣
| 辣椒　　　　　　　1 根
| 九層塔　　　　　　少許

【 調味料 】

| 米酒　　　1/2 杯（30cc）
| 破布子　　　　　　2 大匙
| 鹽　　　　　　　　少許
| 白胡椒　　　　　　少許

作 法

1　蒜頭切末，辣椒切圈。

2　鍋熱後，將蒜末與辣椒炒香，再加入蛤蠣、倒入米酒。

3　接著加入破布子，稍微拌炒一下。

4　當蛤蠣一開口，加入鹽、白胡椒調味，最後放九層塔拌一下就完成。

番茄鮮蝦烘蛋

| 烹 調 | 20cm 雙耳煎烤盤
| 擺 盤 | 20cm 雙耳煎烤盤
| 時 間 | 25 分鐘
| 份 量 | 4 人份

食譜提供
陳儷方

材料

蝦仁	100g
雞蛋	2 顆
牛番茄	1 顆（約 120g）
櫛瓜	1/2 條（約 100g）
小番茄	3 顆
蘑菇	3-4 朵（約 50g）
雙色乳酪絲	100g
食用油	2 大匙

【 調味料 】

| 鹽 | 適量 |
| 黑胡椒粉 | 適量 |

作法

1 牛番茄和櫛瓜切丁，小番茄對切，蘑菇切片。

2 蝦仁用鹽、黑胡椒粉抓醃靜置。

3 雞蛋加鹽和黑胡椒粉攪散，再加入乳酪絲拌勻。

4 熱鍋加 2 大匙食用油，加入蝦仁煎至上色後取出。

5 原鍋加入牛番茄丁炒軟，再加入蘑菇片及櫛瓜丁稍微拌炒，然後加鹽、黑胡椒粉調味。

6 加入乳酪絲蛋液和蔬菜拌勻。

7 鋪上蝦仁和小番茄，上蓋米粒火烘 8 分鐘，關火燜 5 分鐘即可。

CHAPTER 04 [燜蒸]

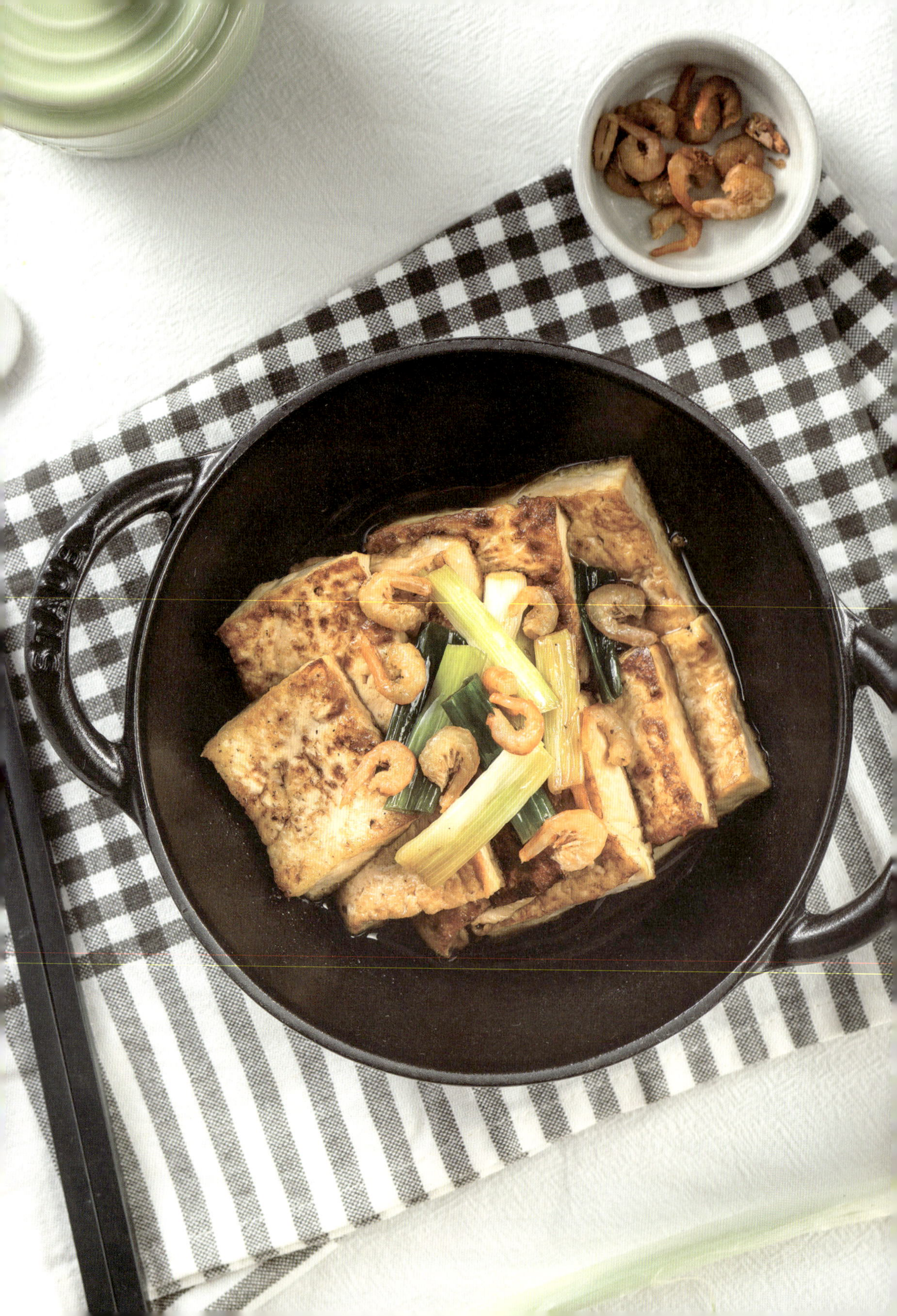
STAUB

蝦米豆腐

食譜提供
Jessica Lu

| 烹 調 | 26cm 淺鍋
| 擺 盤 | 迷你煲鑄鐵鍋
| 時 間 | 5 分鐘
| 份 量 | 2 人份

材料

中華板豆腐	1 塊
蔥	2 根
蝦米	5g
食用油	2 大匙

【調味料】

米酒	2 大匙
醬油	1 大匙
糖	1/2 大匙

作法

1 豆腐切成 8 等分的塊狀後，擦乾水分。蔥切段。

2 鍋子燒熱後下油，放入豆腐煎至兩面金黃。

3 再放入蝦米爆香，並加入蔥段。

4 最後加入【調味料】，蓋上鍋蓋，中小火燜煮 2 分鐘即可。

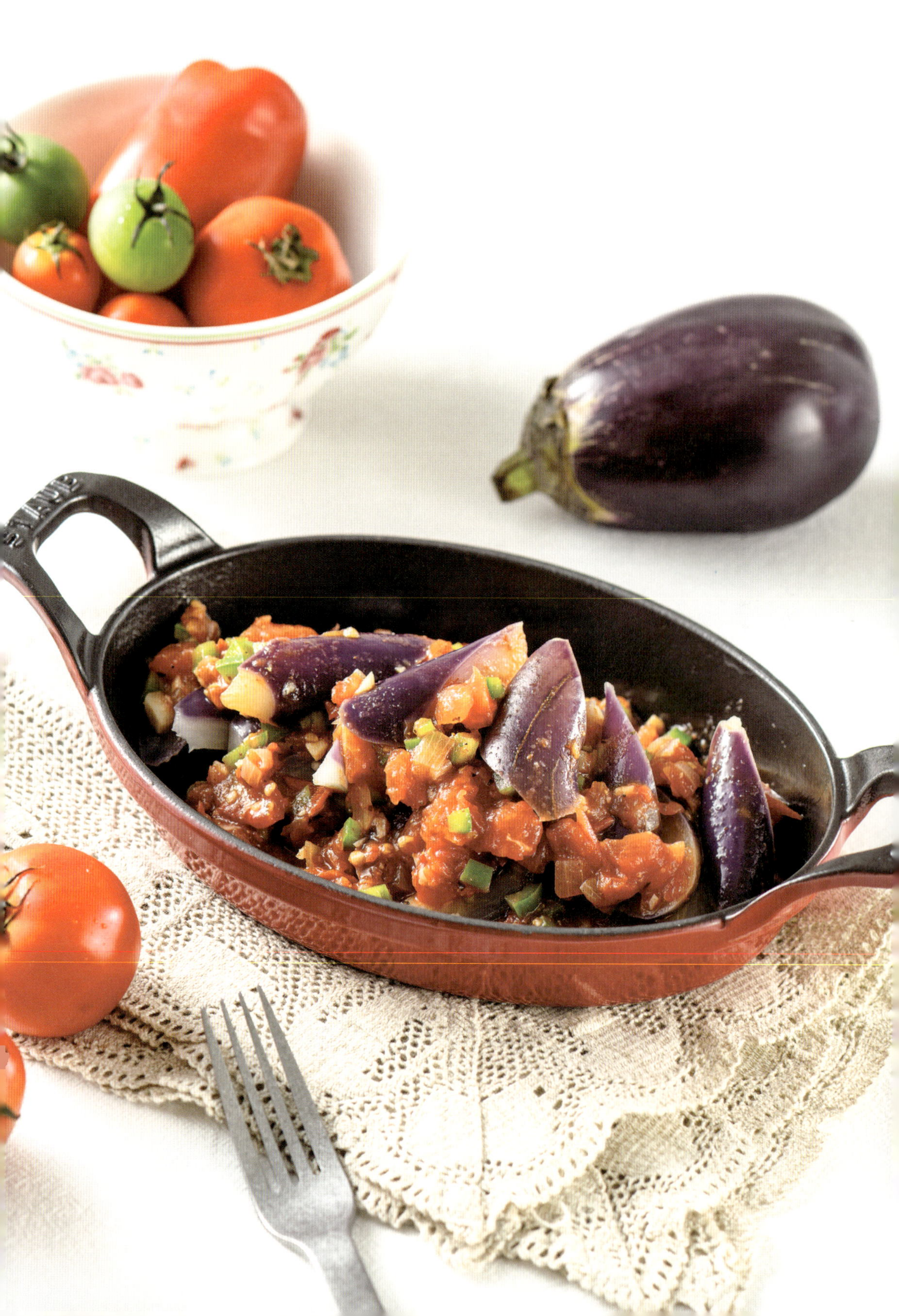

茄汁燉圓茄

食譜提供
Jane Chuang

| 烹　調 | 26cm 烤盤
| 擺　盤 | 21cm 橢圓烤盤
| 時　間 | 20 分鐘
| 份　量 | 4 人份

材料

圓茄或長茄	4 根（約 350g）
番茄	2 顆（約 250g）
洋蔥	1/2 顆（約 80-90g）
蒜頭	2 瓣（約 10g）
青椒	1 個（約 100g）
食用油	2 大匙
水	30-50cc

【醃料】
鹽　　　　　　　　　1/2 小匙

【調味料】
孜然粉	1.5 小匙
辣椒粉	1/2 小匙
鹽	2/3 小匙
白胡椒粉	適量

作法

1. 圓茄洗淨後縱切成 4 條，再斜切成 0.5cm 片狀，加入【醃料】抓勻、靜置5-10分鐘至出水即可。

2. 將番茄切小丁，洋蔥切丁，蒜頭切末，青椒切丁備用。

3. 下 2 大匙油熱鍋，放入洋蔥丁大火炒成焦黃後，轉中火，放入蒜末炒出香氣，再放入番茄丁翻炒後，加入【調味料】拌勻，蓋上鍋蓋燜煮出水分（約 5-8 分鐘）。

4. 茄汁煮滾後轉中大火。將茄子的水分擠乾，放入鍋中鋪平後，蓋上鍋蓋燜煮 2-3 分鐘，熄火（放入茄子前可酌量添加 30-50cc 水，避免焦底）。

5. 加入青椒丁用餘溫翻拌均勻即可。

TIP

- 番茄若偏酸，可加入 1 小匙糖，調整醬料酸度。
- 最後可鋪上披薩用起司絲，最頂端鋪上麵包粉，放入烤箱烤 5-8 分鐘。
- 適合配法國吐司或歐式麵包吃。
- 可使用台灣長茄，長茄則滾刀切成塊狀。
- 若使用孜然風味粉，因配方含有海鹽，調味料的鹽巴需減量為 1/2 小匙。

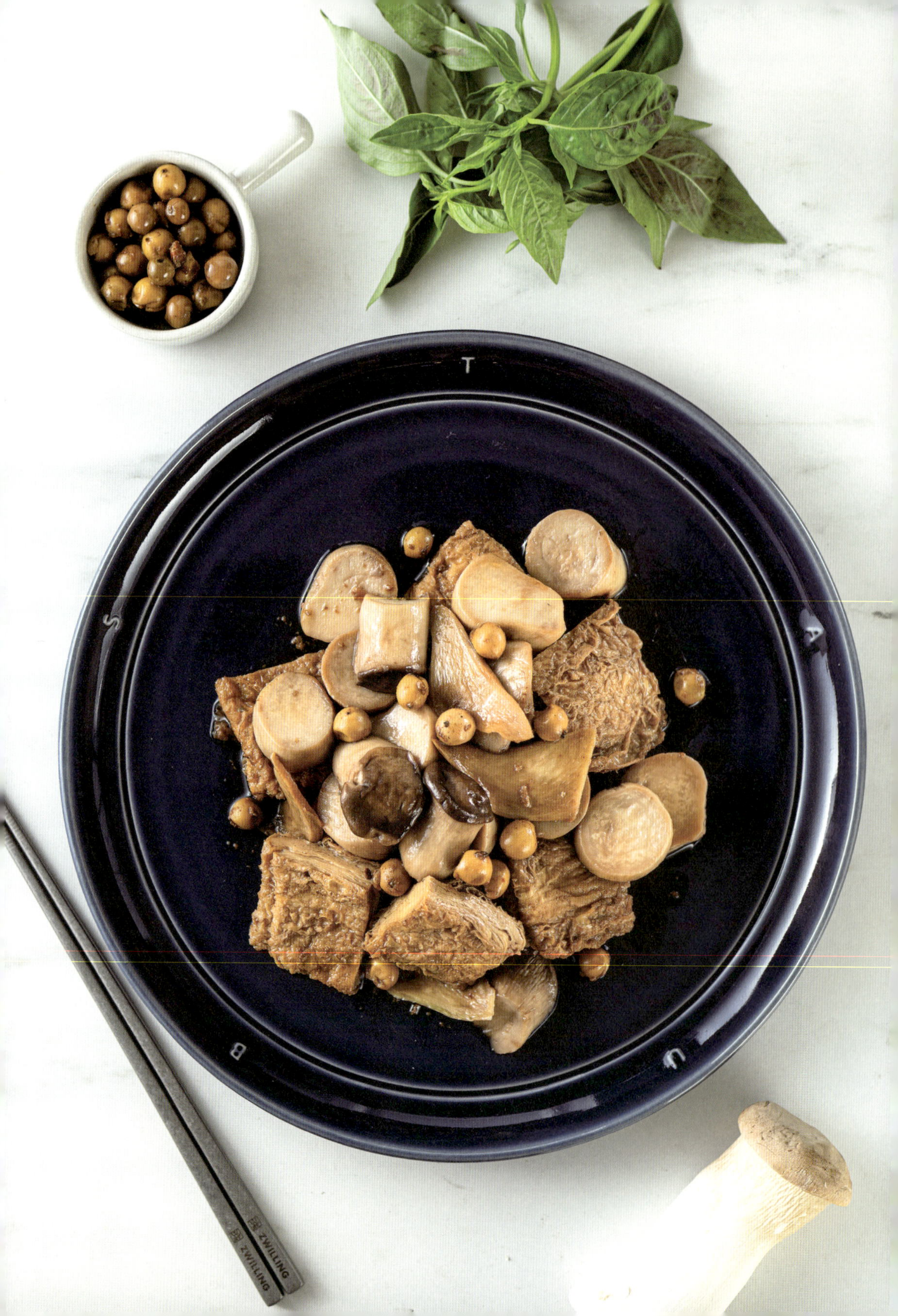
ZWILLING
ZWILLING

破布子醬燒豆包杏鮑菇

食譜提供 **愛兒莎**

| 烹　調 | 20cm 含蓋煎烤盤
| 擺　盤 | 24cm 淺盤
| 時　間 | 10 分鐘
| 份　量 | 2 人份

材料

杏鮑菇	2-3 條（約 180g）
炸豆包	2 片（約 120g）
破布子	約 20g
破布子湯汁	20cc
九層塔	約 3 片
薑	3 片（約 8g）
水	30cc
食用油	1 小匙

【調味料】

| 醬油 | 1 小匙 |
| 醬油膏 | 2.5 大匙 |

作法

1. 杏鮑菇切塊，豆包切方塊，九層塔洗淨備用。
2. 鍋熱後倒入食用油，放入薑片煸香後，再放入杏鮑菇，蓋上鍋蓋，燜煮約 3-5 分鐘。
3. 杏鮑菇出水微軟後，放入豆包稍微煎炒。
4. 再加入水、醬油、醬油膏、破布子、破布子湯汁後，蓋上鍋蓋，以米粒火燜煮約 5 分鐘。
5. 燜煮入味後即可熄火。
6. 最後放上少許破布子、九層塔裝飾，即可上菜！

TIP 杏鮑菇煮熟會縮水，要切大塊口感比較好。

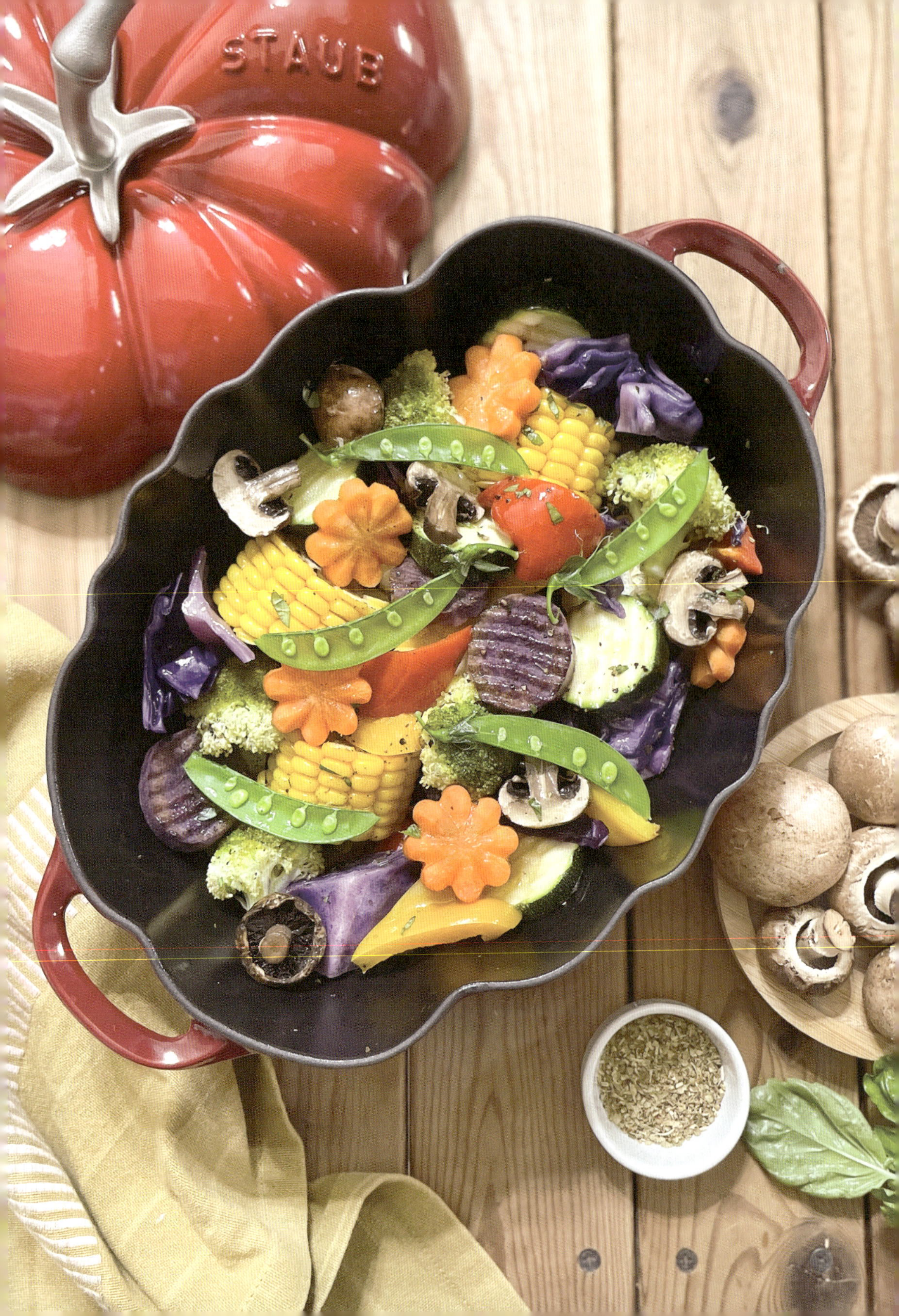
STAUB

無水蔬菜鍋

食譜提供
Leila Tsai

| 烹　調 | 番茄鍋
| 擺　盤 | 番茄鍋
| 時　間 | 20 分鐘
| 份　量 | 2-4 人份

材料

蔬菜：洋蔥、大番茄、南瓜、花椰菜、
香菇、紅蘿蔔、地瓜、玉米、櫛瓜、
蓮藕、彩椒、紫高麗菜、荷蘭豆 ⋯⋯ 適量
水 ⋯⋯ 50cc（視需求）

【調味料】

橄欖油 ⋯⋯ 約 20cc
鹽 ⋯⋯ 適量
黑胡椒粉 ⋯⋯ 適量
義式綜合香料 ⋯⋯ 適量

作法

1. 將所有蔬菜各取適量，洗淨後切塊狀（地瓜與紅蘿蔔不要太厚，大約 0.5cm 即可）。

2. 先將番茄、洋蔥等易出水的蔬菜放入鍋中，接著依序疊入其他蔬菜，每放一層就淋少許橄欖油，並均勻撒上鹽、黑胡椒粉與義式綜合香料。

3. 疊好後蓋上鍋蓋，中火煮 1 分鐘，轉米粒火煮 15 分鐘，地瓜軟了就完成囉！

TIP
◆ 堆蔬菜時不要壓實，保留蒸汽流動的空間。疊好後視需要加入少量水做調節（依照使用蔬菜的水分多寡）。
◆ 蔬菜可以自由替換成秋葵、木耳、高麗菜等等，只要不是容易煮爛的綠色葉菜類都很適合。

CHAPTER 04 [燜蒸]

義式高麗菜卷佐起司

食譜提供
Eddi

| 烹 調 | 24cm 深鍋
| 擺 盤 | 24cm 湯盤
| 時 間 | 60 分鐘
| 份 量 | 4-5 卷（2-3 人份）

材料

高麗菜 .... 1 顆
火腿 100g
紅蘿蔔 200g
米 .... 1 米杯（180g）

【調味料】
義式綜合香料 ..... 1/5 小匙
鹽 .... 1/5 小匙
鮮奶油 100cc
起司絲 60g
黑胡椒 .... 適量

作法

1 將火腿、紅蘿蔔切丁後，下鍋炒香，加入義式綜合香料，再加入米稍微拌炒至呈現米白色，熄火備用。

2 將高麗菜葉從莖部切斷，一片片完整剝開，大約取下 6-8 片完整葉片。另煮一鍋滾水加鹽，汆燙高麗菜葉。

3 將炒過的米料放在高麗菜葉上捲起（直徑約 3cm），捲到一半時，將兩側葉菜反折，再繼續捲完（每捲約 7cm 長）。

4 將菜卷平放入鑄鐵鍋，加一杯水，中小火煮至冒泡，轉米粒火煮 8 分鐘，移除火源靜置 15-20 分鐘即可。

5 將鮮奶油煮熱，加入起司絲攪拌融化，製成起司醬。

6 蒸好的高麗菜卷擺盤，淋上起司醬，並撒上黑胡椒即可。

CHAPTER 04 [燜蒸]

≡ CHAPTER FIVE ≡

≡ DELICIOUS EVERYDAY ≡

CHAPTER FIVE

5

煎炒

趕時間也能快速上桌的
熱炒料理

DELICIOUS EVERYDAY

可可雞塊

食譜提供
Coco

| 烹 調 | 24cm 煎烤盤
| 擺 盤 | 16cm 單把鍋
| 時 間 | 30 分鐘
| 份 量 | 2 人份

材料

雞胸 .... 1 片（約 250g）
馬鈴薯 .... 1 顆（250g）
麵粉（沾外層用）...... 3 大匙
食用油 .... 適量

【調味料】
鹽 .... 1 小匙
胡椒粉 .... 少許

作法

1. 馬鈴薯去皮切小塊後蒸熟（約需 20 分鐘）。
2. 用食物調理機或果汁機，把馬鈴薯和雞胸、鹽、胡椒粉一起打成泥。
3. 用湯匙把馬鈴薯雞肉泥一球一球挖到麵粉中，讓外層均勻裹粉，並塑型。
4. 放到油鍋，中小火煎至上色後，翻面再煎熟即可。

CHAPTER 05 [煎炒]

巴薩米可雞疊疊樂

食譜提供
Joyce Huang

| 烹 調 | 24cm 圓鍋
| 擺 盤 | 21cm 橢圓烤盤
| 時 間 | 20 分鐘
| 份 量 | 2 人份

材 料

去骨雞腿肉	2 片
大番茄	1 顆
莫札瑞拉起司	1 顆
羅勒葉	1 小把
橄欖油	1 大匙

【 調味料 】

巴薩米克醋	120cc
乾燥奧勒岡葉	1 大匙
二砂糖	1 小匙
黑胡椒	1/2 小匙
鹽	1 小匙
初榨橄欖油	少許

作 法

1. 先將番茄和莫札瑞拉起司切成厚片。

2. 熱鍋下橄欖油 1 大匙後，雞腿皮面朝下放入，煎至金黃上色，翻面再煎 3 分鐘。

3. 接著放入巴薩米克醋、奧勒岡葉、二砂糖、黑胡椒、鹽，把雞肉每面各煮 3 分鐘，直至均勻上色。

4. 將雞肉盛盤堆疊，鋪上一片莫札瑞拉起司，再加上一片番茄及羅勒葉擺飾，最後淋上少許初榨橄欖油即可。

CHAPTER 05 [煎炒]

134 / 135

南蠻雞

| 烹 調 | 18cm 和食鍋
| 擺 盤 | 26cm 餐盤
| 時 間 | 120 分鐘
| 份 量 | 2 人份

食譜提供
方愛玲

材 料

無骨雞腿排 2 片（500g）
低筋麵粉 40g
太白粉 40g
鹽 1 小撮
白胡椒粉 少許
水 40cc（參考值）
沙拉油 能覆蓋食材的量

【醃料 1】
鹽巴 5g
砂糖 5g
水 200cc

【醃料 2】
醬油 1/2 大匙
味醂 1/2 大匙

【南蠻醬汁】
水 30cc
醬油 15cc
味醂 30cc
糖 10g
辣椒 少許
檸檬汁（或白醋） 20cc

【塔塔醬】
水煮蛋 1 顆
紫洋蔥 20g
小黃瓜 20g
美奶滋 2 大匙
（若使用日式美奶滋，需加 1 小匙蜂蜜）
芥末籽 1 小匙

CHAPTER 05 [煎炒]

136 / 137

作 法

1. 雞腿排去除骨輪和多餘的脂肪,將肉厚的部分片開,依自己喜歡的大小分切成 6-8 塊。
2. 切好的雞塊加入【醃料 1】拌勻,冷藏靜置 30-60 分鐘後,取出瀝乾。
3. 將瀝乾的雞塊和【醃料 2】拌勻,醃 10 分鐘。
4. 低筋麵粉、太白粉、鹽、白胡椒粉一起混合,加入醃好的雞塊,先加 30cc 水稍微抓一下,不夠的話再少量補水,讓麵糊呈現優酪乳般的稠狀。
5. 鍋中放入略多的油(蓋過雞塊),加熱到約 160℃ 後,放入雞塊,兩面各炸約 2.5 分鐘,取出後瀝油靜置 5 分鐘。
6. 製作南蠻醬汁:將水、醬油、味醂、糖放入鍋中,煮至約剩 1/3 的量後熄火,再加入少許辣椒和檸檬汁拌勻,放涼備用。
7. 製作塔塔醬:水煮蛋放涼切碎,紫洋蔥、小黃瓜切細末,全部加入美奶滋和芥末籽,一起拌勻備用。
8. 擺盤:取一盤子,後方放上生菜或高麗菜絲(材料份量外),將其堆高。將炸雞塊沾附南蠻醬汁後盛盤,再淋上塔塔醬食用。

TIP
- 若沒有溫度計,油溫的測試方法:在油裡放一小滴麵糊液,若麵糊液先沉到鍋底再快速浮出,即達 160℃ 左右。
- 雞塊下鍋後一分鐘內,切忌翻動雞塊,先讓雞塊定型,以免麵衣脫離。一分鐘後,如果雞塊有相黏,再用筷子撥開即可。

CHAPTER 05 〔 煎炒 〕

138 / 139

炒鴨血

食譜提供
Jessica Lu

| 烹 調 | 20cm 煎鍋
| 擺 盤 | 20cm 雙耳煎烤盤
| 時 間 | 5 分鐘
| 份 量 | 4 人份

材料

鴨血 .... 1 塊
蔥 .... 2 根
蒜頭 .... 2 瓣
辣椒 .... 1/2 根
食用油 .... 適量

【調味料】
醬油膏 1大匙
醬油 1大匙
黑醋 4大匙
白醋 2大匙
糖 1大匙
太白粉水 2大匙

作法

1 鴨血切薄片,以熱水汆燙備用。

2 蔥切段(蔥白和蔥綠分開),蒜頭切片,辣椒切圈。

3 起油鍋爆香蔥白、辣椒與蒜片。

4 加入醬油膏、醬油,再放入鴨血和蔥綠,加黑醋2大匙、白醋和糖調味。

5 加入太白粉水勾芡,起鍋前再淋上2大匙黑醋即完成。

CHAPTER 05 [煎炒]

140 / 141

杏鮑菇鳳梨炒肉片

食譜提供
陳儷方

| 烹 調 | 24cm 和食鍋
| 擺 盤 | 24cm 湯盤
| 時 間 | 8 分鐘
| 份 量 | 4 人份

材料

梅花肉片 200g
杏鮑菇 300g
新鮮鳳梨 300g
蒜頭 .... 20g（約 4 瓣）
蔥 .... 2 根
辣椒 .... 1 條
食用油 .... 1 大匙
白胡椒粉 .... 適量

【醬汁】
味噌 .... 2 大匙
糖 .... 1 大匙
水 .... 2 大匙

作法

1 味噌加糖和水，調勻成醬汁備用。

2 杏鮑菇切條狀，鳳梨切片，蒜頭切末，蔥切段，辣椒切圈。

3 熱鍋下食用油 1 大匙，放入肉片炒至七分熟，再加入蒜末和辣椒圈炒出香味。

4 加入杏鮑菇拌炒約 1 分半鐘。

5 接著再加入調勻的醬汁，翻炒入味。

6 起鍋前加入鳳梨、白胡椒粉拌炒一下，最後加入蔥段翻炒均勻即可。

TIP 想要增色但不想要辣度的話，辣椒可以最後加。

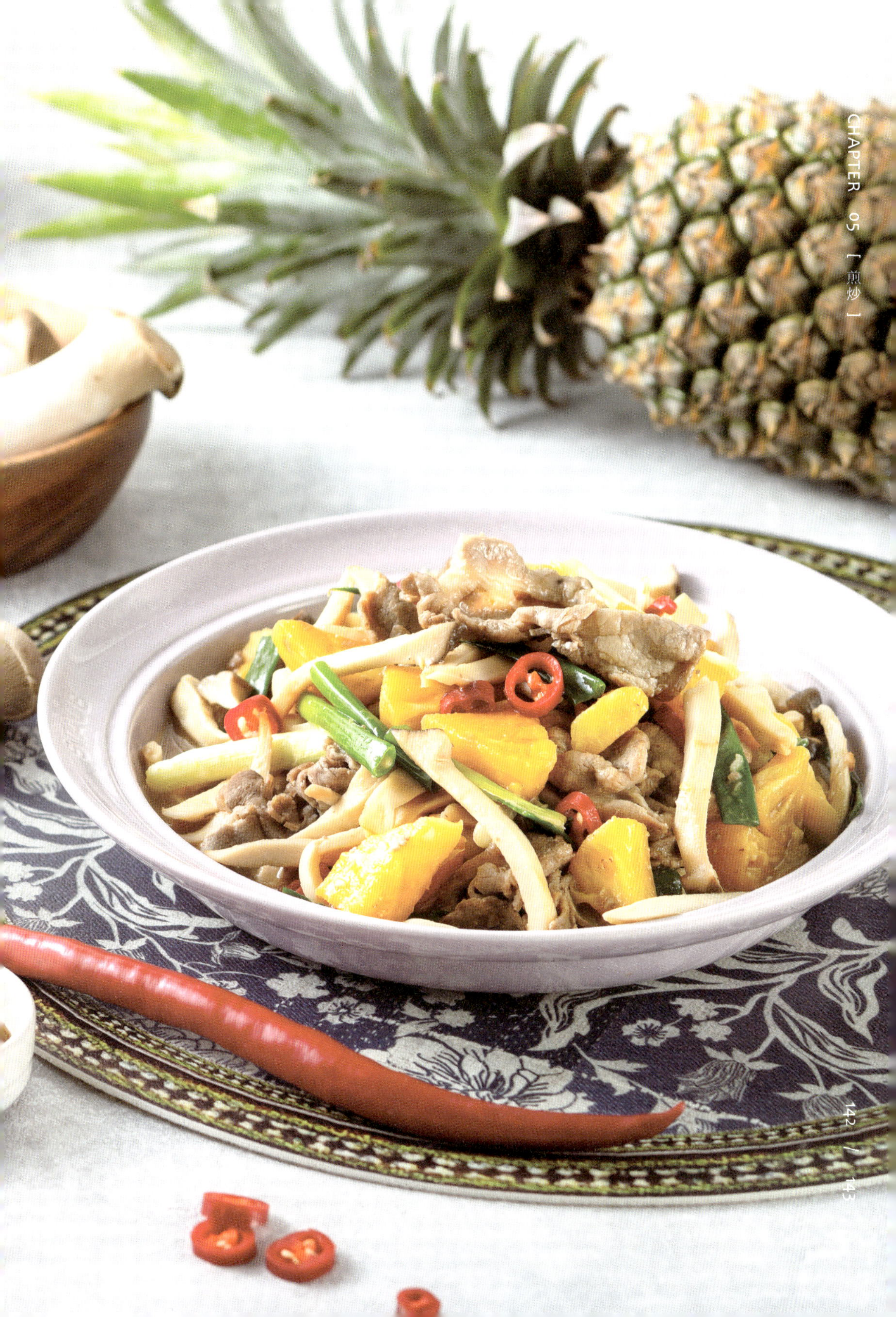

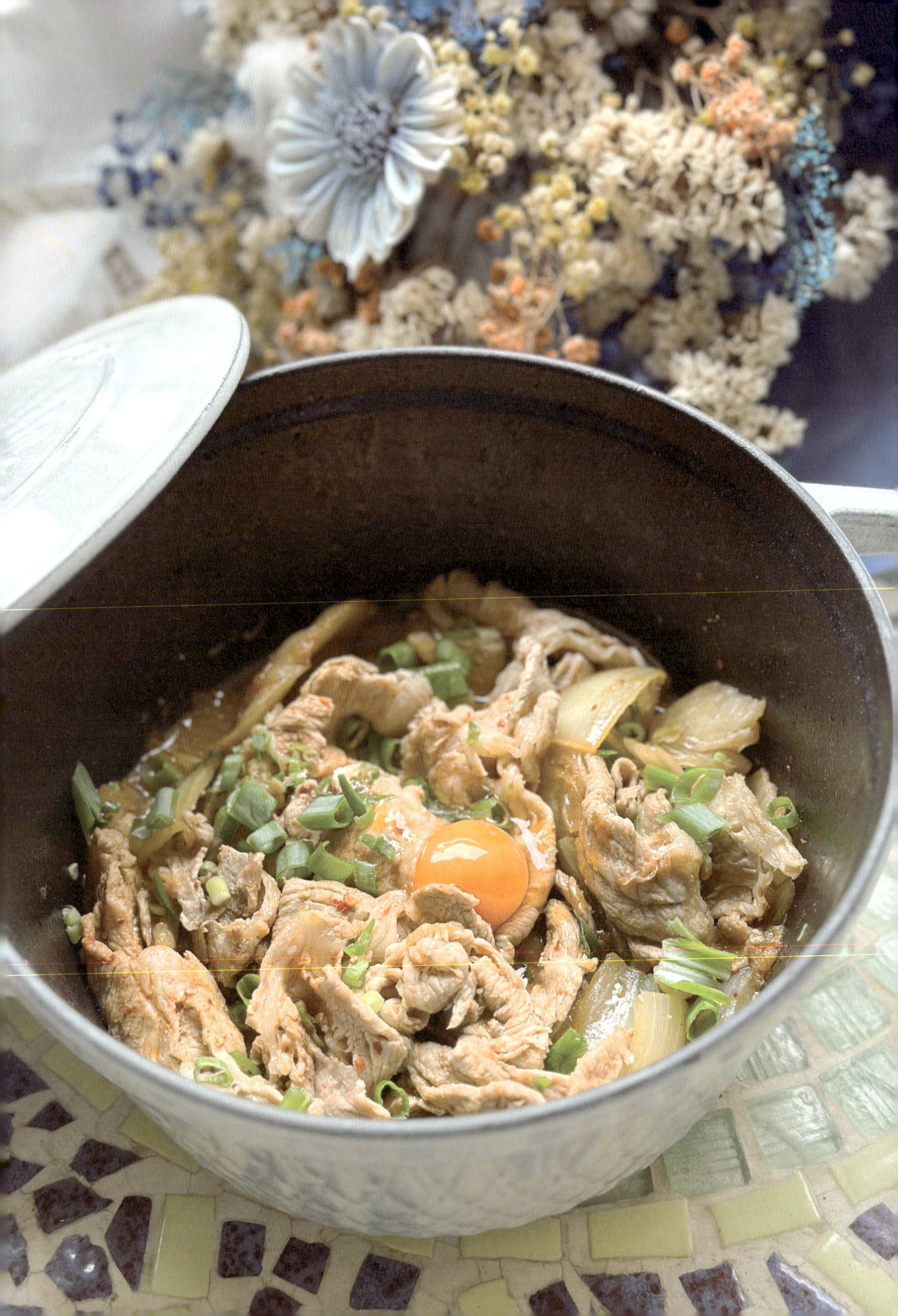

泡菜豬肉

食譜提供
Emely Wu

| 烹 調 | 20cm 圓舞曲
| 擺 盤 | 20cm 圓舞曲
| 時 間 | 20 分鐘
| 份 量 | 2-3 人份

材 料

梅花豬肉片	1 盒（約 300g）
雞蛋	1 顆
洋蔥	1/2 顆
蔥	少許
韓式泡菜	3 大匙（不含泡菜湯汁的量）

（辣度可以選擇自己喜歡的；另準備泡菜湯汁）

食用油	少許

作 法

1. 洋蔥切丁，蔥切末。

2. 將少許油放入鍋中，先炒香洋蔥，再放入肉片稍微拌炒一下後，加入韓式泡菜以及泡菜湯汁，蓋上鍋蓋，以米粒火煮 5 分鐘。

3. 打一顆蛋只取用蛋黃。打開鍋蓋，把蛋黃放入，再撒上少許蔥花裝飾即可食用。

蒜味五香肉

食譜提供
Sky Tseng

| 烹 調 | 28cm 淺燉鍋
| 擺 盤 | 16cm 小平煎鍋
| 時 間 | 15 分鐘
| 份 量 | 2-3 人份

材 料

去皮五花肉 300g
蒜頭 .... 4 瓣（約 20g）
地瓜粉 .... 3 大匙
食用油 .... 2 大匙

【醃料】
醬油 .... 1 大匙
梅林醬油 .... 1 大匙
糖 .... 2 小匙
米酒 .... 1 小匙
玉米粉 .... 1 小匙
五香粉 .... 1/2 小匙
白胡椒粉 .... 1/4 小匙

作 法

1. 五花肉清洗後擦乾水分，切 0.8cm 片狀備用。
2. 蒜頭 3 瓣拍碎，1 瓣切末備用。
3. 五花肉加入【醃料】與拍碎的蒜頭拌勻，靜置 1 小時，完成後倒掉多餘醃料並擦乾肉片，加入地瓜粉抓勻後，靜置至反潮備用。
4. 熱鍋中小火下 2 大匙油，直至油溫升至 170℃ 以上，加入五花肉半煎炸至兩面全熟且帶酥脆感後，起鍋瀝油。
5. 趁熱加入生蒜末拌勻後即可食用。

TIP
◆ 梅林醬油可用伍斯特醬油代替。
◆ 肉請常溫下鍋，避免油溫快速下降導致黏鍋。

CHAPTER 05 [煎炒]

厚切梅花佐蘋果照燒醬

食譜提供
邱湞喬

| 烹 調 | 24cm 圓鍋
| 擺 盤 | 23cm 橢圓烤盤
| 時 間 | 60 分鐘
| 份 量 | 2 人份

材 料

豬梅花肉排 .... 1 片
（約 240g-280g，1.5cm 厚）
甜豆 .... 4 片
胡蘿蔔 .... 4 片
洋蔥 .... 1 顆
麵粉 .... 1 大匙
奶油 .... 1 大匙＋1 塊
食用油 .... 1 大匙＋1 小匙

【蘋果洋蔥照燒醬】

洋蔥（切碎末）............. 1/4 顆
蘋果（切碎末）............. 20g
清酒 .... 2 大匙
味醂 .... 2 大匙
醬油 .... 2 大匙
水 .... 2 大匙

作 法

1. 將豬梅花肉排用針叉或叉子戳一戳斷筋。

2. 將【蘋果洋蔥照燒醬】的材料拌勻，舀 5 匙醃漬肉排 30 分鐘。

3. 在醃好的肉排表面均勻撒麵粉使其沾粉。

4. 洋蔥切絲。甜豆、胡蘿蔔汆燙後備用。

5. 在鍋中倒入 1 大匙食用油，開中小火，放入豬排，煎到兩面金黃（約九分熟）後，取出備用。

6. 鍋中再加入 1 小匙食用油和 1 大匙奶油，在鍋底厚鋪洋蔥絲，接著將豬排置於洋蔥絲上，蓋上鍋蓋，用米粒火煎烤約 20 分鐘。

7. 接著翻面，淋上剩餘的【蘋果洋蔥照燒醬】，蓋上鍋蓋，煮到醬汁稍微濃縮後關火。

8. 加入奶油塊融入醬汁之後，就可以和甜豆、胡蘿蔔一起盛盤。

CHAPTER 05 [煎炒]

TIP 加入醬汁後不宜煮過久，否則豬排外層麵衣會脫落，影響口感和美感。

148 / 149

洋蔥燒肉

| 烹 調 | 迷你煲鑄鐵鍋
| 擺 盤 | 迷你煲鑄鐵鍋
| 時 間 | 10 分鐘
| 份 量 | 1 人份

食譜提供 愛兒莎

材 料

豬梅花肉片	約 100g（6-7 片）
雞蛋	1 顆
洋蔥	1/4 顆
蔥	1/2 根
食用油	1 大匙

【調味料】

清醬油	1.5 大匙
味醂	1.5 大匙
水	1 大匙
七味粉	少許

作 法

1 雞蛋打成蛋液，洋蔥切絲，青蔥斜切後備用。

2 熱鍋後倒入食用油，加入洋蔥絲炒軟、炒出香氣，再放入豬肉片炒熟。

3 倒入清醬油、味醂、水，再加入斜切的蔥一起拌炒均勻。

4 分兩次倒入蛋液，蛋液稍微凝固（約五分熟）後離火。

5 可再依喜好撒七味粉、放蔥絲裝飾後上桌，搭配白飯一起享用！

TIP 鑄鐵鍋導熱快速，蛋液稍微凝固後離火，避免蛋持續加熱過熟。

CHAPTER 05 [煎炒]

鮮菇炒西洋芹

> 食譜提供
> 張小蛙

| 烹 調 | 16cm 和食鍋
| 擺 盤 | 長方形陶瓷烤盤
| 時 間 | 15 分鐘
| 份 量 | 2-3 人份

材料

豬五花肉片 .... 約 100g
西洋芹 .... 3 根（約 180g）
鮮香菇 .... 6 朵（約 100g）
蒜頭 .... 3 瓣（約 16g）
辣椒 .... 1 根

【調味料】

米酒 .... 1 大匙
鹽 .... 1/4 小匙
烏醋 .... 1/2 小匙

作法

1. 西洋芹剝除葉子，將外層較粗硬的部分刨除後，斜切寬約 1.5cm 備用。
2. 鮮香菇摘下菇柄，較粗的菇柄對切，菇傘部分切約 1cm 厚。
3. 蒜頭切片，辣椒斜切。
4. 熱鍋後不須加油，以中小火將豬五花煸炒至略呈金黃色後，先取出備用。
5. 利用原鍋煸出的豬油放入蒜頭、辣椒炒香，再加入香菇炒至上色。
6. 放入西洋芹炒至微軟後，放入豬五花，加鹽與所有食材翻炒，沿鍋邊嗆米酒後蓋上鍋蓋，轉米粒火燜煮 3 分鐘。
7. 起鍋前淋上烏醋略微拌炒即可。

TIP 起鍋前淋一點點烏醋，可以凸顯食材風味，讓味道變得更鮮明立體。

CHAPTER 05 [煎炒]

麻婆豆腐

| 烹 調 | 20cm 和食鍋 | 時 間 | 30 分鐘 |
| 擺 盤 | 16cm 和食鍋 | 份 量 | 4 人份 |

食譜提供
方愛玲

材料

牛或豬絞肉	100g
板豆腐	1 盒（400g）
蒜末	1 大匙
蔥花	2 大匙
蒜苗	少許
芥花油	2 大匙
水	300cc
太白粉水	2 小匙（太白粉 1：水 1）

【調味料】

郫縣豆瓣醬	2 大匙（40g）
豆豉	2 小匙（10g）
花椒粉	1 小匙＋少許
辣椒粉	1 大匙
糖	1 小匙
黃酒	1 大匙
鹽	1 小匙

作法

1. 豆瓣醬和豆豉分別剁碎。如果使用乾豆豉，則需先泡軟後再剁碎。

2. 板豆腐切成約 2cm 的方塊。先燒一鍋熱水，加入 1 小匙鹽，再放入切好的板豆腐，汆燙 2-3 分鐘後撈起，瀝乾備用。

3. 熱鍋後，倒入 2 大匙油，放入絞肉炒至酥香後，依序放入蒜末、蔥花、豆瓣醬、豆豉（每樣食材放入後，先炒出香氣再下另一樣）。

4. 接著加入花椒粉、辣椒粉、糖、酒炒勻。

5. 加水燒開，放入燙好瀝乾的豆腐，蓋上鍋蓋，以米粒火燜煮 10 分鐘，讓豆腐入味。

6. 打開鍋蓋，分 2-3 次慢慢淋入太白粉水，直到自己喜歡的稠度。

7. 起鍋前撒上切圈的蒜苗和少許花椒粉即完成。

TIP
- 正宗的麻婆豆腐是用牛絞肉，而且必須煸炒到酥香，和我們平常用豬絞肉的口感不太一樣，建議有吃牛肉的可以試一試。
- 豆腐放鹽水中煮一下，可去除豆腥味，也可以讓豆腐容易入味。
- 使用鑄鐵鍋燒滾更能夠維持溫度，在上桌前保持滾燙的溫度。
- 花椒粉作法：小火煸香 1 大匙花椒粒，煸出香味後放涼磨碎，再用篩網過濾留下花椒粉。

韓式番茄牛肉炒年糕

食譜提供
莎莎

| 烹 調 | 22cm 圓鍋
| 擺 盤 | 20cm 雙耳煎烤盤
| 時 間 | 25-30 分鐘
| 份 量 | 3-4 人份

材 料

牛肉 150-200g
牛番茄 .... 1 顆
洋蔥 .... 1/4 顆
櫛瓜 .... 1/2 條
蒜頭 .... 2-3 瓣
韓國年糕 .... 約 10-15 條
乳酪絲 .... 2 大匙

【調味料】
麻油 .... 2 小匙
（韓國芝麻油或台灣麻油皆可）
韓式辣醬 .... 1 大匙
米酒 .... 2 大匙
糖 .... 適量
魚露 .... 少許

【醃料】
醬油 .... 1/2 大匙
米酒 .... 1/2 大匙
白胡椒粉 .... 適量

作 法

1 牛肉切骰子狀，用【醃料】抓捏入味。

2 牛番茄、洋蔥切丁，櫛瓜切小塊，蒜頭切末。

3 麻油爆香蒜頭後，炒番茄、洋蔥與櫛瓜，再加入牛肉炒出香氣。

4 加入韓式辣醬、米酒、糖翻炒，蓋上鍋蓋，以米粒火燉煮 15-20 分鐘。

5 開蓋攪拌均勻，酌量加魚露調整鹹味，再加年糕煨煮 5 分鐘後，撒上乳酪絲即完成。

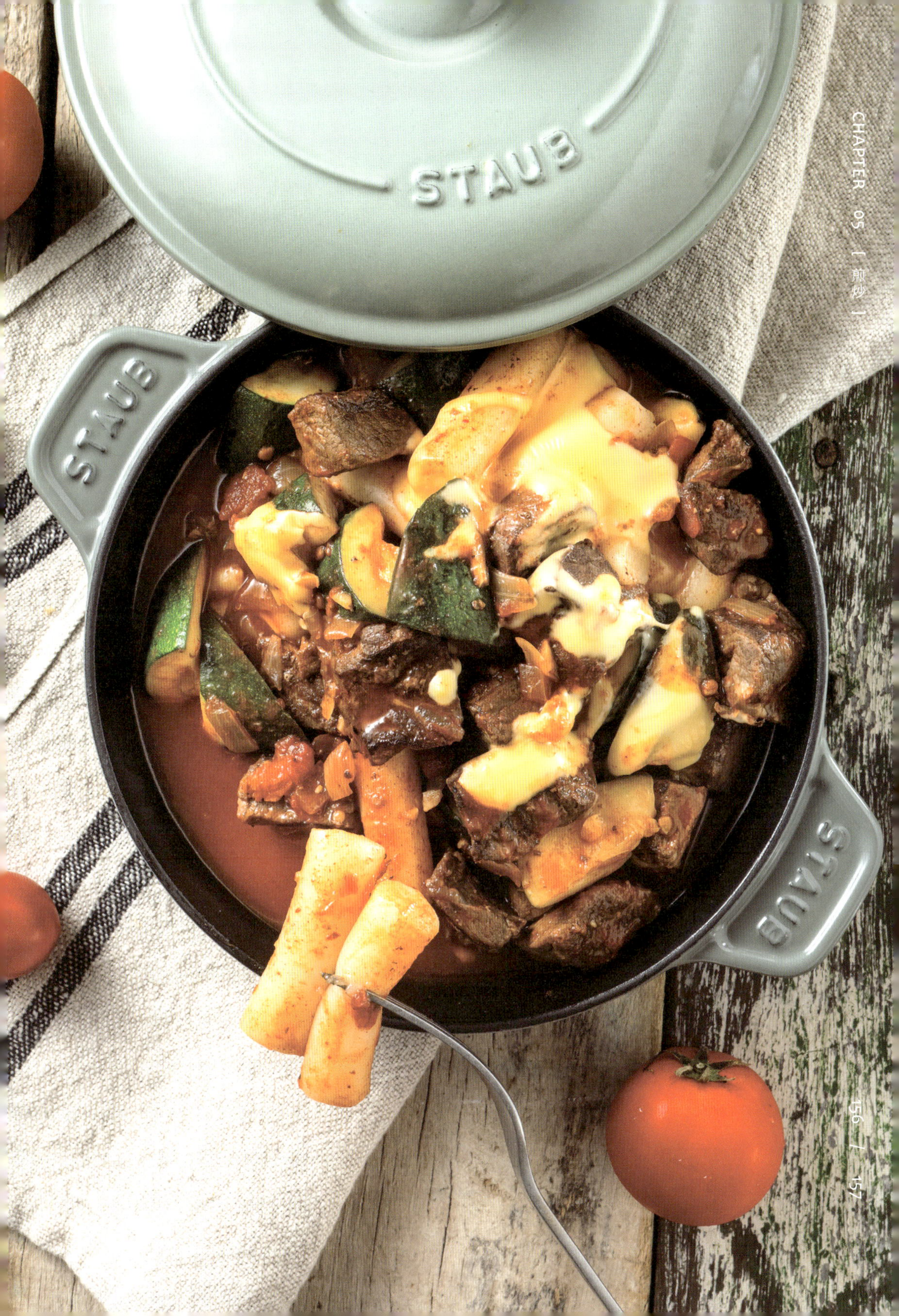
STAUB
STAUB
STAUB

芥末羊肉佐迷迭香馬鈴薯

食譜提供
Joyce Huang

| 烹 調 | 28cm 淺鍋
| 擺 盤 | 31cm 魚碟
| 時 間 | 30 分鐘
| 份 量 | 2 人份

材料

羊里肌肉	350g
小馬鈴薯	約 2-3 顆
冷凍豌豆	90g
蒜頭	2 瓣
迷迭香葉	2-3 枝
奶油	30g
水	120cc

【調味料】

鹽	1 小匙
黑胡椒	1/2 小匙
芥末籽醬	2 大匙
二砂糖	2 小匙

作法

1 將馬鈴薯、蒜頭切片備用。

2 熱鍋下奶油和蒜頭爆香，再放入馬鈴薯煎至兩面金黃後，加入豌豆、鹽、黑胡椒、迷迭香葉及水，續煮 3 分鐘後取出。

3 將芥末籽醬與二砂糖混勻，抹在羊肉上。

4 將羊肉入鍋，每面煎約 5 分鐘至喜歡的熟度。

5 將煎熟的羊肉搭配馬鈴薯和豌豆一起擺盤即可。

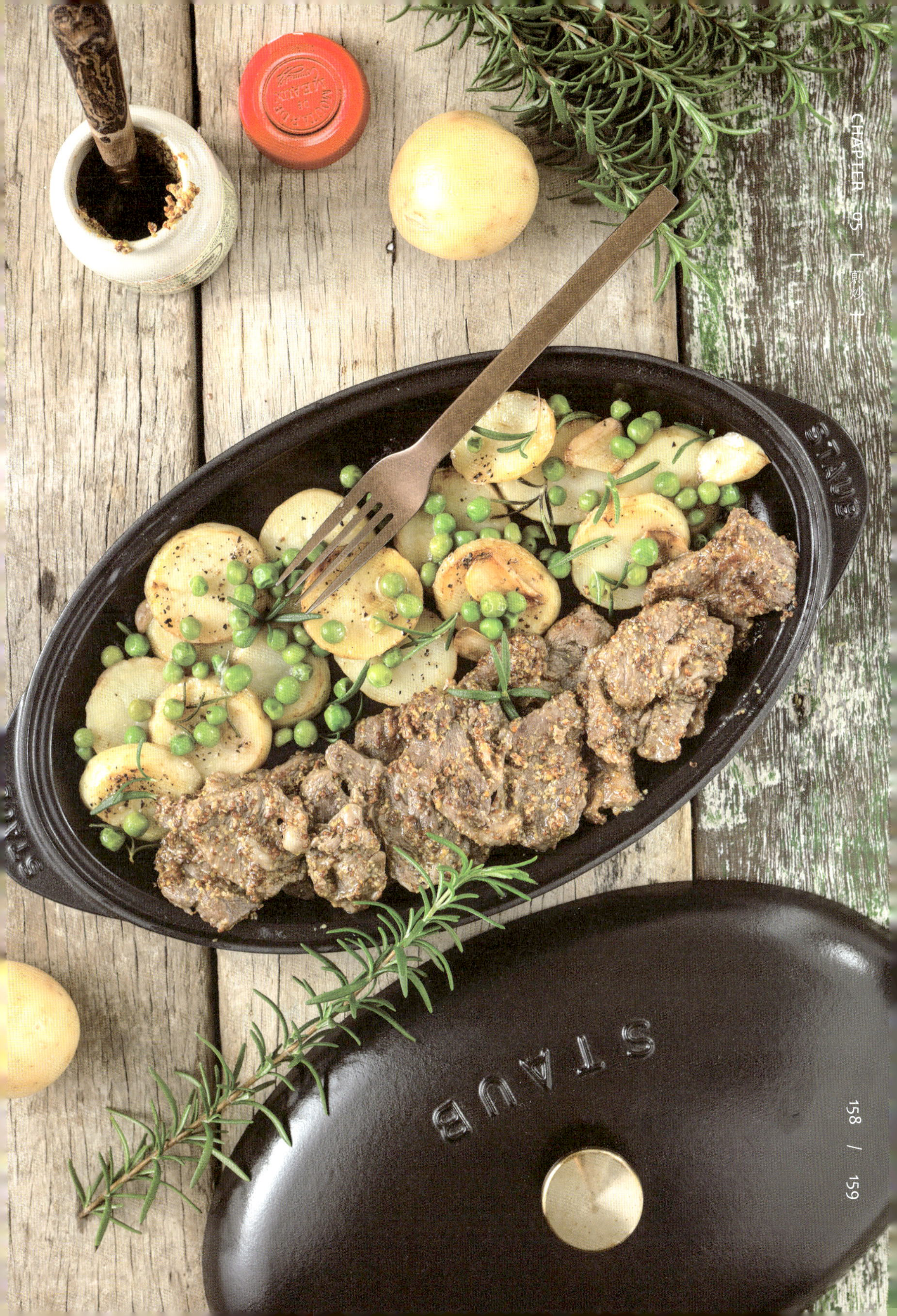
STAUB
STAUB
STAUB

檸檬蝦肉燥

| 烹 調 | 24cm 雙耳煎鍋
| 擺 盤 | 24cm 湯盤
| 時 間 | 15 分鐘
| 份 量 | 4 人份

食譜提供
陳儷方

材料

絞肉 300g
蝦仁 200g
小番茄 100g
蒜頭 .... 20g（約 4 瓣）
辣椒 .... 1 條
九層塔 40g
檸檬汁 40cc
食用油 .... 1 大匙

【醬汁】
醬油 .... 1/2 大匙
魚露 .... 1 大匙
蠔油 .... 2 大匙
水 .... 1 大匙
糖 .... 2 小匙
白胡椒粉 .... 少許

作法

1. 蝦仁切大塊，小番茄對切，蒜頭切末，辣椒切圈，九層塔略切備用。
2. 熱鍋下食用油 1 大匙，將蝦仁炒約八分熟後取出。
3. 原鍋放入絞肉炒熟，加入蒜末、辣椒翻炒出香味。
4. 再加入【醬汁】的所有材料，翻炒到稍微收汁。
5. 接著加入蝦仁、小番茄翻炒均勻入味。
6. 起鍋前加入檸檬汁、九層塔翻炒出香味即可。

CHAPTER 05 [煎炒]

鮭魚燒豆腐

食譜提供
Elin

| 烹 調 | 23cm 橢圓鍋
| 擺 盤 | 23cm 橢圓鍋
| 時 間 | 20 分鐘
| 份 量 | 3-4 人份

材料

鮭魚 .... 1 片
板豆腐 .... 1 盒
洋蔥 .... 1/2 顆
鴻喜菇 .... 1 包
蔥絲 .... 少許

【醃料】
米酒 .... 些許
鹽 .... 少許
黑胡椒粉 .... 少許

【醬汁】
蠔油 .... 2 大匙
醬油 .... 2 大匙
砂糖 .... 1 小匙
白胡椒粉 .... 少許
開水 50cc

作法

1. 將鮭魚切塊，用【醃料】醃 10 分鐘。
2. 板豆腐切片，洋蔥切片，鴻喜菇剝散。
3. 將【醬汁】的材料攪拌均勻。
4. 熱鍋，不用放油，鮭魚下鍋煎至表面恰恰後取出。
5. 沿用原本的鍋子和殘油，豆腐下鍋煎到表面上色後取出。
6. 原鍋再放入鴻喜菇和洋蔥炒軟。
7. 再把豆腐和鮭魚放到蔬菜上，淋上調好的醬汁，上蓋燜煮 5 分鐘後，開蓋即完成，可再依喜好撒上蔥絲或燙熟的紅蘿蔔花裝飾。

TIP
- ◆ 開鍋可先不用下油，煎鮭魚至出油。
- ◆ 如果覺得醬汁太少可以補一點開水。
- ◆ 若想讓醬汁更濃稠，也可以最後開蓋後再勾些芡。

CHAPTER 05 [煎炒]

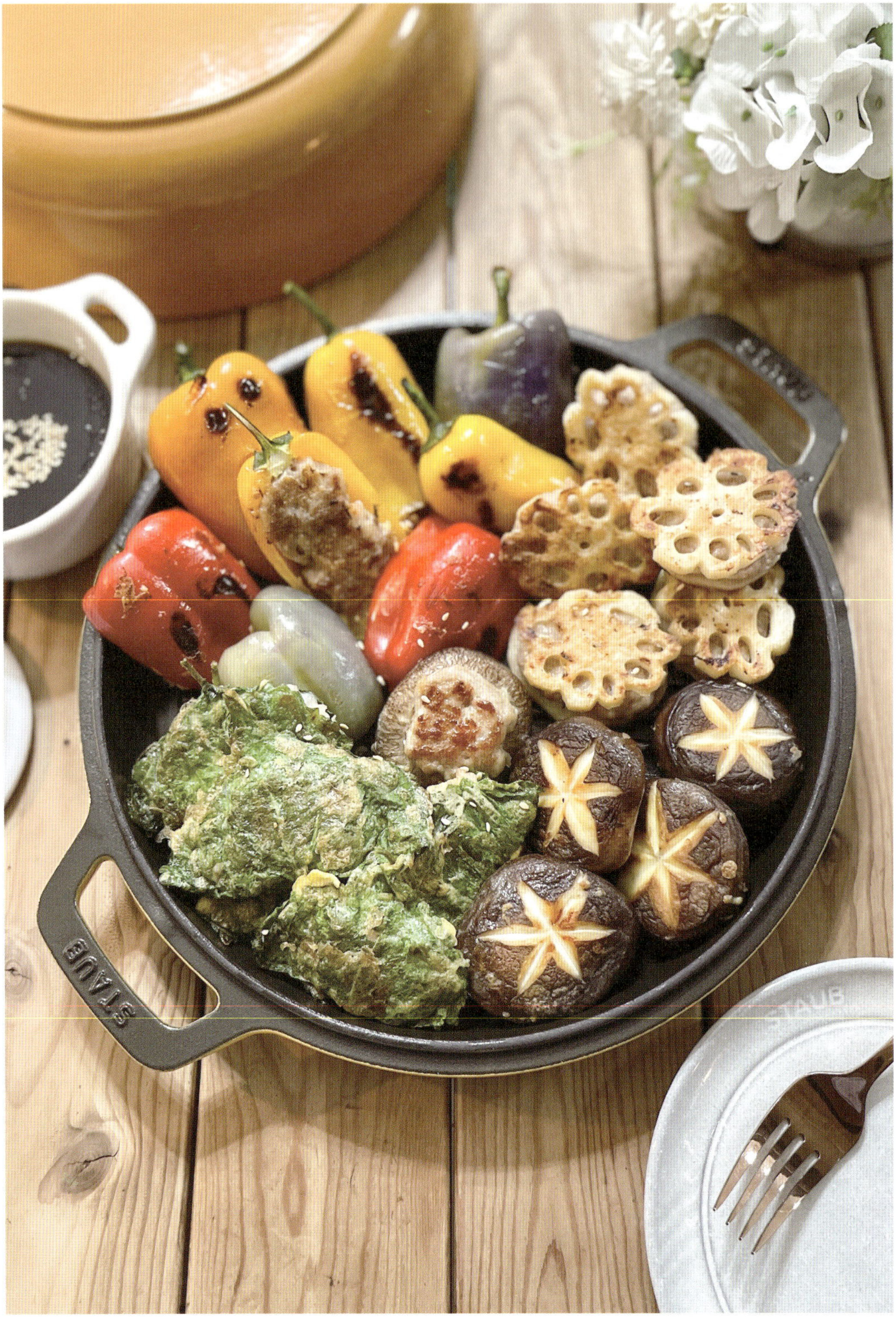
STAUB

蔬菜鑲蝦滑

食譜提供
Leila Tsai

| 烹　調 | 26cm 淺燉鍋
| 擺　盤 | 三合一煎烤盤
| 時　間 | 30 分鐘
| 份　量 | 4 人份

材料

花枝蝦漿	300g
豬絞肉（細）	300g
水果彩椒	1 包（約 4 個）
蓮藕	8-10 片
紫蘇葉	8 片
香菇	4-5 朵
白胡椒粉	2 小匙
雞蛋	1 顆
片栗粉（或太白粉）	適量
橄欖油	20cc

【沾醬】

鰹魚醬油	20cc
味醂	20cc
水	80cc
白芝麻	少許
香油	適量

作法

1. 蝦漿、絞肉和白胡椒粉抓拌均勻（蝦漿和絞肉比為 1：1）。

2. 彩椒對切，蒂頭保留並去籽。蓮藕去皮切片。香菇去除菇柄。雞蛋打成蛋液備用。

3. 把沾醬材料的醬油、味醂、水調勻，並撒上白芝麻和適量香油後備用。

4. 在彩椒、蓮藕、紫蘇葉背面、香菇內側都撒上薄薄一層片栗粉。

5. 將蝦漿絞肉餡填入彩椒與香菇中並稍壓平。蓮藕撒粉面朝上鋪肉餡，蓋上另一片蓮藕片，並輕壓使肉餡與蓮藕片黏緊。紫蘇葉背面朝上，將肉餡放葉面的一半，然後對摺，稍輕壓貼合。完成後，將所有蔬菜兩面沾上一層薄蛋液。

6. 熱鍋倒入橄欖油 20cc，把步驟 5 食材的填餡面先朝下煎，米粒火煎到兩面熟即可（蓋鍋蓋可縮短煎的時間）。

布里布里蝦仁煎蛋

烹 調	20cm 雙耳烤盤
擺 盤	20cm 雙耳烤盤
時 間	30分鐘
份 量	4人份

食譜提供
Alice Chen

材料

蝦仁	220g	【調味料】	
雞蛋	6 顆	鹽	少許
蒜末	少許	胡椒	少許
蔥花（裝飾用）	少許	香油（提味，可省略）	少許
食用油	4 大匙	【炒蝦醬】	
【醃料】		醬油	1 大匙
鹽	少許	酒	1 大匙
胡椒	少許	番茄醬	2 大匙
太白粉水		糖	1/2 大匙
（太白粉 1 大匙＋水 2 大匙）		豆瓣醬	1/2 大匙
		鹽	1/3 小匙
		咖哩粉	1/4 小匙

作法

1 將【炒蝦醬】混合調勻備用。

2 蝦仁清除腸泥後，從背部剖開不切斷，斷腹筋，再以【醃料】稍微醃製。

3 雞蛋中撒點鹽、胡椒，一起打散。

4 鍋中放入 3 大匙油熱鍋，倒入蛋液，等蛋的邊邊稍微變白後，以筷子或鏟子在蛋的中央快速繞圈攪拌一下（讓蛋液充滿空氣，煎出來更蓬鬆），有點熟就起鍋擺盤。

5 原鍋放入 1 大匙油熱鍋，下蒜末炒至香味飄出後，加入蝦仁拌炒至熟，再下炒蝦醬拌勻。

6 起鍋前再依喜好淋點香油、撒上蔥花即完成。

TIP
◆ 煎蛋不要煎太熟，口感才會滑嫩。
◆ 軟嫩滑蛋＋Q 彈蝦仁，搭上好吃的酸鹹香炒蝦醬，保證老少咸宜！

法式香煎鮭魚佐菠菜泥

食譜提供
Elin

| 烹 調 | 22cm 平煎盤
| 擺 盤 | 22cm 平煎盤
| 時 間 | 30 分鐘
| 份 量 | 2 人份

材 料

鮭魚	1 片
白酒	5cc
黑胡椒粉	少許
鱒魚卵（裝飾用）	少許
墨西哥可可粉（裝飾用）	5g

【菠菜泥】

菠菜	30g
洋蔥	50g
蒜末	1 小匙
無鹽奶油	15g
低筋麵粉	1 大匙
冰鮮奶	50cc
鮮奶油	1 大匙（15cc）
鹽	1/2 小匙
黑胡椒粉	1/2 小匙
荳蔻粉	1/2 小匙

作 法

1. 鮭魚用白酒和黑胡椒粉醃 10 分鐘。
2. 熱鍋，不用放油，鮭魚直接下鍋煎至表面恰恰。
3. 菠菜汆燙，洋蔥切片備用。
4. 熱鍋，放入無鹽奶油加熱至融化後，加入洋蔥片炒到微微出水，再加入蒜末拌炒出香氣。
5. 加入過篩好的低筋麵粉，拌炒至麵粉融化後，加入冰鮮奶、鮮奶油，持續攪拌至濃稠狀，再加入菠菜葉拌勻。
6. 最後加入鹽、黑胡椒粉、荳蔻粉調味，煮滾後放涼，用調理機攪打成泥狀。
7. 將煎鮭魚盛盤，搭配菠菜泥，並以鱒魚卵、墨西哥可可粉裝飾即完成。

TIP

- ◆ 因為菠菜容易氧化，汆燙後可以放入冰塊水中，冰鎮約 2 分鐘，再將嫩菠菜取出、擠乾（菠菜含水量較多，所以水分越少，味道越集中）。
- ◆ 若想要保留更多口感，菠菜可以不用完全打成泥狀。
- ◆ 白酒亦可用清酒或米酒替代。

CHAPTER 05 [煎炒]

鮪魚起司馬鈴薯

食譜提供
許馨方

| 烹　調 | 20cm 淺鍋
| 擺　盤 | 20cm 雙耳煎烤盤
| 時　間 | 15 分鐘
| 份　量 | 2-3 人份

材料

馬鈴薯	大型 1 顆
洋蔥	1/2 顆
鮪魚罐頭	40g
披薩用起司	40g
橄欖油	2 大匙

【調味料】

| 鹽 | 1/2 小匙 |
| 番茄醬 | 2 大匙 |

作法

1. 馬鈴薯削皮後切成 1cm 寬的條狀，洋蔥切薄片。將鮪魚罐頭內的湯汁濾除。
2. 將橄欖油倒入鍋內，以中火熱鍋，再放入馬鈴薯與洋蔥稍微拌炒後，撒上鹽巴輕輕拌勻，蓋上鍋蓋。
3. 待鍋蓋隙縫冒出蒸氣時，再次將所有食材稍微翻勻，蓋上鍋蓋，轉米粒火加熱約 10 分鐘。
4. 熄火後放入起司、鮪魚、番茄醬，蓋上鍋蓋靜置 5 分鐘（用餘熱繼續燜煮）後完成。

CHAPTER 05 [煎炒]

椒香乾絲

食譜提供
Catherine Huang

| 烹 調 | 24cm 淺燉鍋
| 擺 盤 | 26cm 煎盤蓋
| 時 間 | 20 分鐘
| 份 量 | 4 人份

材料

青椒 .... 2 條（約 12cm）
五香豆乾 ..... 4 片（約 180g）
辣椒 .... 1 條（約 12cm 長）
蒜末 .... 適量
水 10cc
食用油 .... 2 大匙

【調味料】
醬油 .... 1 大匙
鹽 .... 1 小匙
糖 .... 1 小匙

作法

1. 青椒洗淨、對切取籽後切絲（約 5cm 長）。辣椒切絲。
2. 準備一鍋滾水，將豆乾汆燙 5 分鐘。
3. 一片豆乾片成 3 片後，再切絲（約 5cm 長）。
4. 鍋子預熱後加 2 大匙油，將豆乾絲煎至微黃後盛起。
5. 原鍋放入辣椒絲及蒜末炒出香氣後，加入青椒絲拌炒，並加入少許水煮至水分微收乾。
6. 加入豆乾絲，並倒入醬油嗆鍋，再一起拌炒，最後以鹽、糖調味即完成。

TIP
- 鑄鐵鍋炒豆乾絲時，務必先熱鍋再下油，煎至金黃微脆後便不沾鍋。
- 汆燙豆乾可以改成微波加熱，在盤中加水淹過豆乾，蓋上蓋子，以 700W 微波 4 分鐘。
- 豆乾汆燙後，可以先放入冰箱冷藏一陣子，會比較好切絲。

CHAPTER 05 [煎炒]

瑞士馬鈴薯煎餅

| 烹 調 | 20cm 煎鍋
| 擺 盤 | 20cm 煎鍋
| 時 間 | 15 分鐘
| 份 量 | 1-2 人份

食譜提供
Jessie You

材料

馬鈴薯	300g（約 2 顆）
乳酪絲	50g
奶油	30g
黑胡椒粉	些許

作法

1. 馬鈴薯洗淨後去皮刨成絲，用手將馬鈴薯內含的水分擠出來。加入乳酪絲、黑胡椒粉調味。

2. 用中小火加熱 15g 奶油，放入調味好的馬鈴薯絲，用鍋鏟稍微將馬鈴薯絲塑形。

3. 用中小火慢烘 6-8 分鐘至馬鈴薯餅表面金黃後再翻面，中間不能翻攪。

4. 用大盤子蓋住煎鍋，將薯餅倒扣在盤子上，煎鍋上再加熱新的奶油（15g），把薯餅還沒煎的那一面平滑回煎鍋上，續煎 6-8 分鐘。

5. 依喜好搭配德式脆腸、培根、荷包蛋或起司等（材料份量外）即完成。

TIP 亦可以用綜合義大利香料等喜歡的香料調味。

CHAPTER 05 [煎炒]

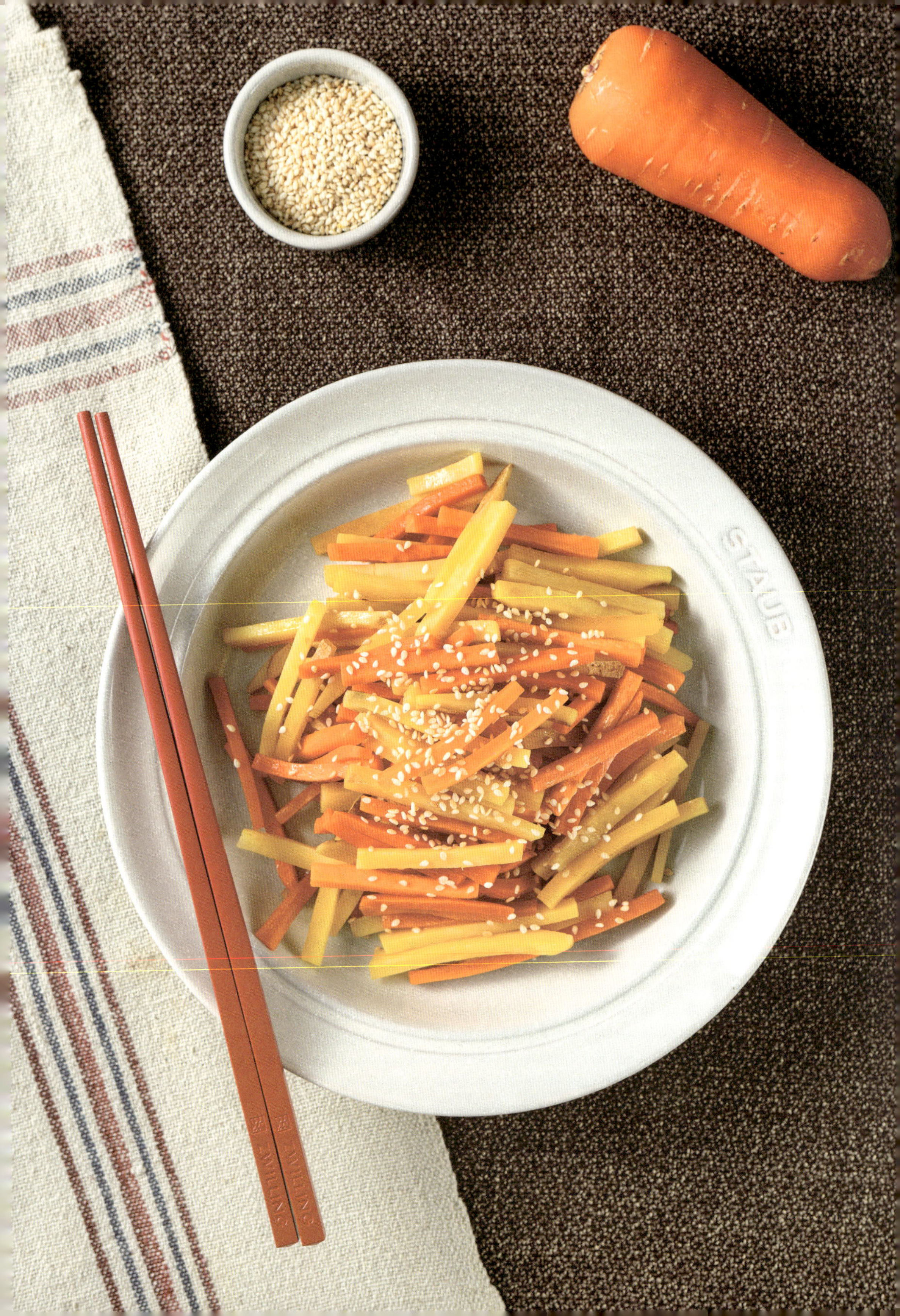
STAUB

芝麻風味
炒紅蘿蔔地瓜

食譜提供 / 許馨方

| 烹 調 | 18cm 和食鍋
| 擺 盤 | 22cm 湯盤
| 時 間 | 5 分鐘
| 份 量 | 2-3 人份

材料

紅蘿蔔 .... 小型 1 條
地瓜 .... 中型 1 條

【調味料】

韓國芝麻油 .... 2 小匙
醬油 .... 1 大匙
味醂 .... 2 大匙
白芝麻 .... 1 小匙

作法

1 紅蘿蔔切成約 5cm 長、0.5cm 寬的條狀,地瓜帶皮切成同樣大小。

2 鍋內放入芝麻油、切條的紅蘿蔔與地瓜、醬油與味醂,輕輕拌勻後蓋上鍋蓋,以中火加熱。

3 待鍋蓋縫隙冒出蒸汽後,轉米粒火繼續加熱 3 分鐘。

4 熄火,稍微拌勻後盛盤,撒上白芝麻即完成。

TIP 地瓜切好可以先泡鹽水,以免氧化變黑。

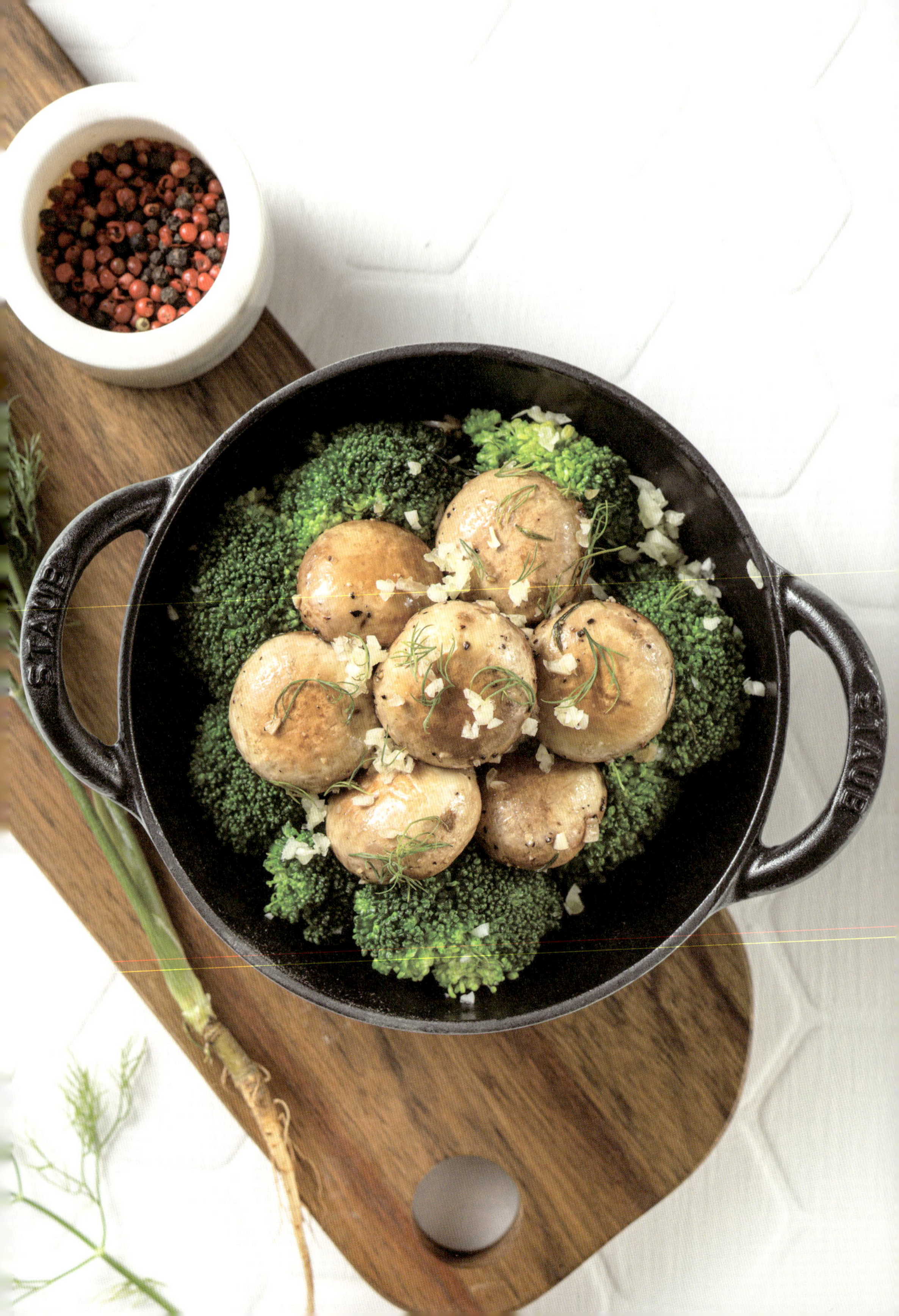

蒜香蒔蘿奶油炒蘑菇

食譜提供
Sky Tseng

| 烹 調 | 20cm 和食鍋
| 擺 盤 | 迷你煲鑄鐵鍋
| 時 間 | 15 分鐘
| 份 量 | 2 人份

材料

蘑菇	180g（約 10-12 顆）
綠花椰菜	100g
蒔蘿葉	5g
蒜頭	2 瓣（約 10g）
食用油	1 大匙

【調味料】

鹽	1/2 小匙
粗粒黑胡椒粉	1/2 小匙
無鹽奶油	20g

作法

1. 蘑菇用刷子輕刷，將表面粉塵刷掉，或用溼布及廚房紙巾擦拭，並切除蒂頭較硬、不美觀的部分。

2. 綠花椰菜切小朵，蒔蘿去粗梗留細葉（5g），蒜頭切末。

3. 綠花椰菜用滾水汆燙 2-3 分鐘後撈起，泡冰水稍微冰鎮後，瀝乾備用。

4. 冷鍋下 1 大匙油，待油熱後加入蘑菇，中小火炒至縮成 2/3 大小。

5. 加入綠花椰菜，撒上鹽與黑胡椒粉調味，拌炒均勻。

6. 再加入蒜末與蒔蘿細葉，拌炒出香氣後關火，加入無鹽奶油，攪拌至奶油完全融化即可起鍋享用。

TIP
- 蒔蘿處理時間較久，可先清洗並擦乾水分、風乾後去梗備用。
- 可事先製作「蒔蘿蒜味奶油」，於步驟 6 時加入 20g 拌炒後起鍋。作法為將乾燥蒔蘿葉（切碎）30g、蒜末 15g、鹽 1/2 小匙、無鹽奶油 120g 拌勻即可，冷藏保存約一週。

椒鹽杏鮑菇

食譜提供
張小蛙

| 烹 調 | 18cm 圓鍋
| 擺 盤 | 20cm 平盤
| 時 間 | 20 分鐘
| 份 量 | 3-4 人份

材料

杏鮑菇 300g
蔥 .... 1 根
薑 17g
蒜頭 .... 5 瓣（17g）
辣椒 .... 1 根
地瓜粉 80g
食用油 .... 約 200cc

【調味料】

鹽 .... 1 小匙
白胡椒 .... 1/4 小匙

作法

1. 杏鮑菇切滾刀塊，加鹽拌勻靜置 5 分鐘，出水後將水分擠乾備用。
2. 蒜頭與薑切末，辣椒切圈，蔥切蔥花。
3. 將杏鮑菇均勻裹上地瓜粉，靜置回潮。
4. 冷鍋冷油，中小火加熱至插入筷子會大量冒泡的熱度（油溫約 160-180°C），放入杏鮑菇油炸或半煎炸至表面金黃，起鍋備用。
5. 將熱油倒出，利用原鍋剩餘的油將蔥、薑、蒜、辣椒爆香。
6. 將炸好的杏鮑菇入鍋略微拌炒。
7. 起鍋後撒些許白胡椒即可。

TIP
◆ 靜置回潮可幫助地瓜粉沾得更好。
◆ 杏鮑菇入鍋後先不翻動約 1-2 分鐘，等外表的粉定型後再翻面。

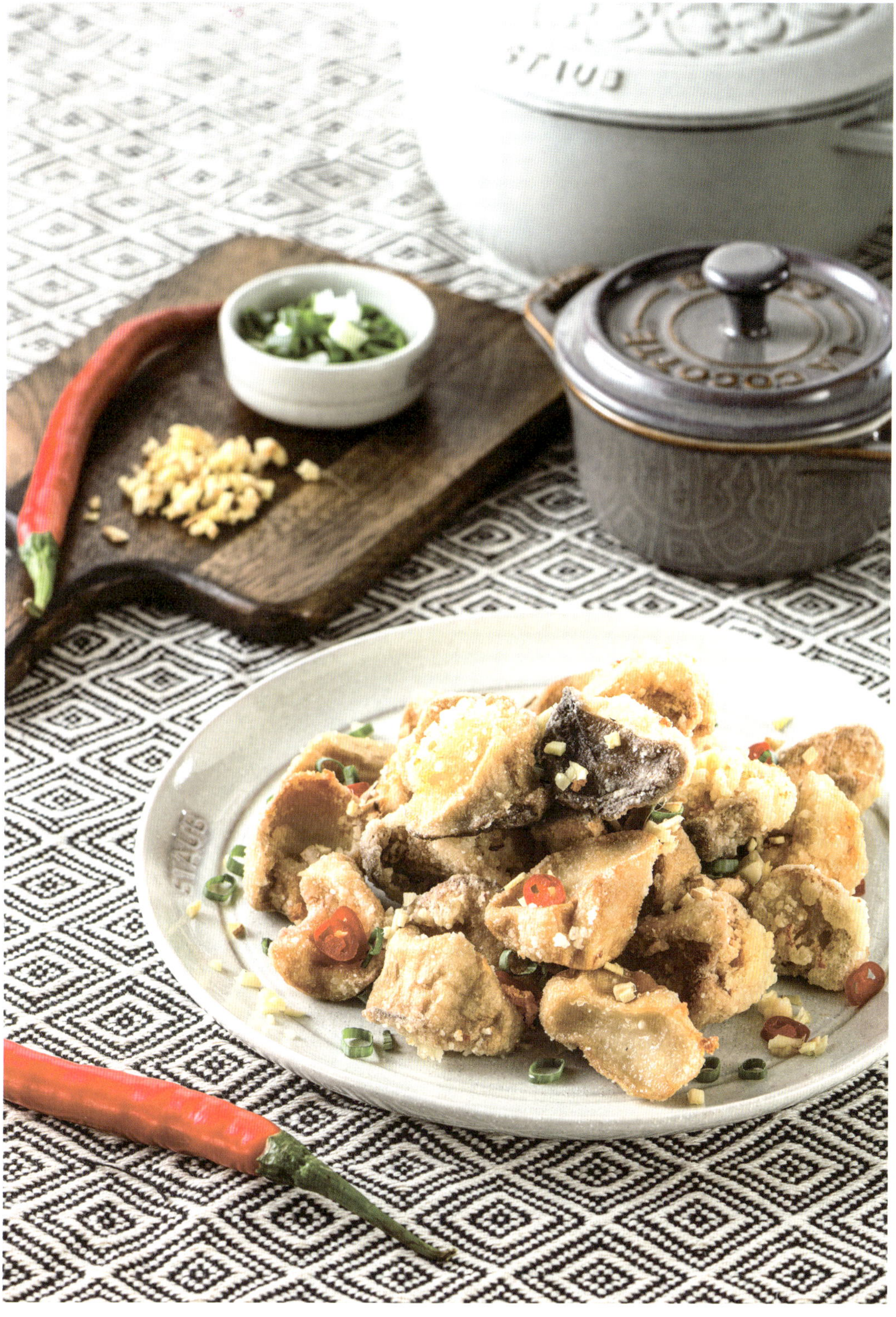

翡翠豆腐丸

| 烹 調 | 20cm 煎烤盤
| 擺 盤 | 36cm 長方盤
| 時 間 | 15-20 分鐘
| 份 量 | 4-5 人份

食譜提供
Elin

材 料

板豆腐	400g
菠菜葉（去梗）	30g
紅蘿蔔	40g
火腿	1 片
蒜末	少許
雞蛋	1 顆
麵粉	2 大匙
玉米粉	2 大匙
白芝麻粒	少許
食用油	少許

【調味料】

鹽	1 小匙
雞精	1 小匙
糖	1 小匙
七味粉	1 小匙
白胡椒粉	1 小匙

作 法

1. 將板豆腐的水分擠出，用叉子壓成泥狀。
2. 菠菜葉切末，紅蘿蔔切絲，火腿切末。
3. 將步驟 1、2 的食材與蒜末、雞蛋、麵粉、玉米粉，全部放入料理盆中，加入【調味料】拌勻。
4. 揉捏入味至少 3 分鐘，再捏成小圓球（約 8-10 顆）備用。
5. 取鍋，加入少許油量燒熱後，放入小圓球，以米粒火半煎炸至熟透、外觀略帶金黃，即可撈起瀝油。
6. 起鍋可再撒上白芝麻粒增加香氣。

TIP
- 七味粉也可以改為五味粉、八味粉。
- 豆腐丸子先捏緊再搓圓，較不易鬆散。下鍋不要急著翻動，待定型再翻面，不然會散開。
- 吃不完的豆腐丸子可以放冷凍保存，吃之前再加熱就好。

CHAPTER 05 [煎炒]

櫛瓜煎餅

| 烹 調 | 26cm 淺燉鍋
| 擺 盤 | 28cm 松露白盤
| 時 間 | 45 分鐘
| 份 量 | 4-6 人份

食譜提供
Ozzy

材料

| 櫛瓜 | 2 條（約 420g）
| 放牧蛋 | 2 顆
| 月光下小麥麵粉 | 60g
| 海苔 | 10g
| 番茄 | 1/2 顆
| 堅果 | 15g
| 橄欖油 | 3 大匙

【調味料】

| 鹽 | 1 小匙（5g）
| 肉豆蔻 | 2g（酌量）
| 百里香 | 2g
| 黑胡椒 | 3g
| 二砂糖 | 10g
| 米粒醬油 | 3 大匙
| 美奶滋 | 30g

作法

1 櫛瓜刨絲，加 1 小匙鹽靜置 10 分鐘脫水。

2 把櫛瓜多餘的水分榨出，先加入小麥麵粉拌勻後加入雞蛋。

3 加入肉豆蔻、百里香、黑胡椒調味，並加入二砂糖與 1.5 大匙米粒醬油攪拌均勻。

4 於鍋中加入橄欖油，把櫛瓜麵糊雙面煎至金黃。

5 煎好的櫛瓜煎餅放置於盤中，用 1.5 大匙米粒醬油與美奶滋塗抹於表面。

6 再放上海苔、切絲番茄，撒下切碎堅果後即可。

CHAPTER 05 [煎炒]

鷹嘴豆丸子 佐鷹嘴豆泥

食譜提供
Alice Chen

| 烹 調 | 20cm 雙耳煎鍋
| 擺 盤 | 33cm 魚拓鍋
| 時 間 | 40分鐘
| 份 量 | 約 15-20 顆

CHAPTER 05 [煎炒]

186 / 187

材 料

生鷹嘴豆 ……… 200g（米杯約九分滿）
冷水 ……………………… 略淹過豆子的量
橄欖油 ………………………………… 5 大匙

【材料A】
紫洋蔥（切丁）…… 50g（中型 1/2 顆）
香菜葉（切碎）……………………… 20g
巴西里葉（切碎）…………………… 20g
蒜頭（去皮切碎）…………………… 4-6 瓣
紅蔥頭（去皮切碎）………………… 30g
孜然粉 ………………………………… 2 小匙
橄欖油 ……………………………… 1-2 大匙
海鹽 ………………………………… 1/2 小匙
研磨黑胡椒 ………………………… 1/2 小匙
肉桂粉（可依喜好省略）…… 1/4 小匙

【鷹嘴豆泥】
罐頭熟鷹嘴豆 ……………………… 150g
中東白芝麻醬 ……………………… 1 大匙
初榨橄欖油 ………………………… 2 大匙
去皮蒜頭 …………………………… 1 瓣
檸檬 …… 中型 1/2 顆（視喜愛酸度增減）
水 …… 約 2 大匙（視喜愛濃稠度增減）
鹽 …………………………………… 少許

作 法

鷹嘴豆丸子

1 前一天先預備：生鷹嘴豆洗淨後加入冷水（水約比鷹嘴豆高兩指節），蓋上蓋子，冷藏浸泡一晚。

2 將鷹嘴豆瀝乾水分、洗淨備用。

3 取食物調理機或破壁機，先放入【材料 A】打碎，再加入鷹嘴豆一起攪打。攪打過程中，打數秒即停頓攪拌和察看，鷹嘴豆需保留部分顆粒口感，千萬不要全打成泥狀。

4 先挖取一小球捏緊，再揉成合適的小圓球或餅狀，放一旁備用。

5 鍋中倒入略多的油量，確實加熱後，放入鷹嘴豆球（餅），以中小火半煎炸至定型後才可以翻面，煎到兩面金黃酥脆即可。

鷹嘴豆泥

1 將【鷹嘴豆泥】全部材料打成泥即可（調整至喜歡的稠度，若太濃稠，額外酌加冷水或橄欖油）。

2 食用前可以再淋上橄欖油，或撒上少許鹽膚木或紅椒粉（材料份量外），增添香氣。

TIP

- 鷹嘴豆丸子（Falafel）外酥內軟，香料風味明顯。可單吃或沾鷹嘴豆泥（Hummus）、北非辣茄醬、酸奶……都非常好吃。若能再搭配清爽的番茄小黃瓜沙拉、酸泡菜、希臘優格醬、皮塔餅一起食用更棒！
- 鷹嘴豆是非常優秀又好吃的蛋白質，經常被打成泥，拿來沾蔬菜棒、沾鹹餅乾、抹三明治，或是跟口袋餅一起吃，是如今風靡歐美的營養美食。
- 鹽膚木（Sumac）是中東特色香料，帶點乾燥梅子粉果香，口感微酸。在中東料理上經常被使用，例如沙拉、烤肉。
- 鷹嘴豆丸子也可以用油炸，或是放入烤箱以180℃烤約20-25分鐘，直到金黃酥脆（若使用烤箱，建議捏成約1cm的厚餅狀，烘烤中途需翻面）。

CHAPTER SIX

DELICIOUS EVERYDAY

CHAPTER SIX

6
主食

創造幸福飽足感的
健康碳水料理

DELICIOUS EVERYDAY

剝皮辣椒雞炊飯

食譜提供
Coco

| 烹 調 | 24cm 和食鍋　　| 時 間 | 25 分鐘
| 擺 盤 | 24cm 和食鍋　　| 份 量 | 4 人份

材料

| 米 .... 2 米杯
| 水 .... 1 米杯
| 去骨仿雞腿 .... 1 隻（約 500g）
| 剝皮辣椒 .... 5 根
| 鴻喜菇 .... 1 包
| 蒜苗 .... 1/2 枝（35g）
| 麻油 .... 1 大匙

【醃料】
| 醬油 .... 2 大匙
| 糖 .... 1 大匙

【調味料】
| 剝皮辣椒汁 .... 3 大匙

作法

1. 雞肉切塊、擦乾水分，用【醃料】醃20分鐘。
2. 米洗淨後泡水20分鐘再瀝乾。
3. 剝皮辣椒切碎，鴻喜菇切蒂頭，蒜苗切碎。
4. 鍋中下1大匙麻油，先炒香雞肉與鴻喜菇，再放米下去拌炒，加水煮滾後上蓋，計時8分鐘，再熄火燜15分鐘。
5. 起鍋前，將剝皮辣椒碎、蒜苗碎、剝皮辣椒汁淋在飯上拌勻，即可上菜。

TIP 由於炒雞肉和菇會出水，煮好飯要淋上醬汁（醬汁先放會沒味道），煮飯時必須減少水分。

CHAPTER 06 [主食]

海南雞飯

| 烹 調 | 18cm 圓鍋
| 擺 盤 | 26cm 餐盤
| 時 間 | 30 分鐘
| 份 量 | 2-3 人份

食譜提供
巧可

材料

米	1½ 米杯（225g）
水	210g
雞腿肉	400g
薑	10g
蒜頭	4 瓣
蔥	1 根
肉桂葉	1 片

【醃料】

米酒	1 大匙
薑末	少許
鹽	2 小匙

【香草醬】

香菜	20g
糖	1 小匙
醬油	1 大匙
白醋	1 大匙
檸檬汁	1 小匙

作法

1 雞腿肉加入【醃料】，醃製約 15-20 分鐘。蒜頭與薑切末，蔥切段。

2 鍋中放入洗淨的米、水、蒜末、薑末，攪拌均勻。

3 再放入雞腿肉（雞皮朝下）以及醃過雞肉的醃料，放上蔥段、肉桂葉。

4 開中火煮 7 分鐘，蓋上鍋蓋，轉米粒火煮 8 分鐘，關火燜 10 分鐘。

5 製作香草醬：香菜切碎，可留部分葉子裝飾。取一小碗，放入香菜碎、白醋、醬油、糖、檸檬汁，拌勻即可。

6 炊煮完成後，將上面的雞肉取出、切片擺盤，並搭配米飯、香草醬一起食用。

TIP 雞腿肉的皮要朝下擺放，肉才不會黏飯粒，雞皮精華也更容易流入白飯中。

CHAPTER 06 [主食]

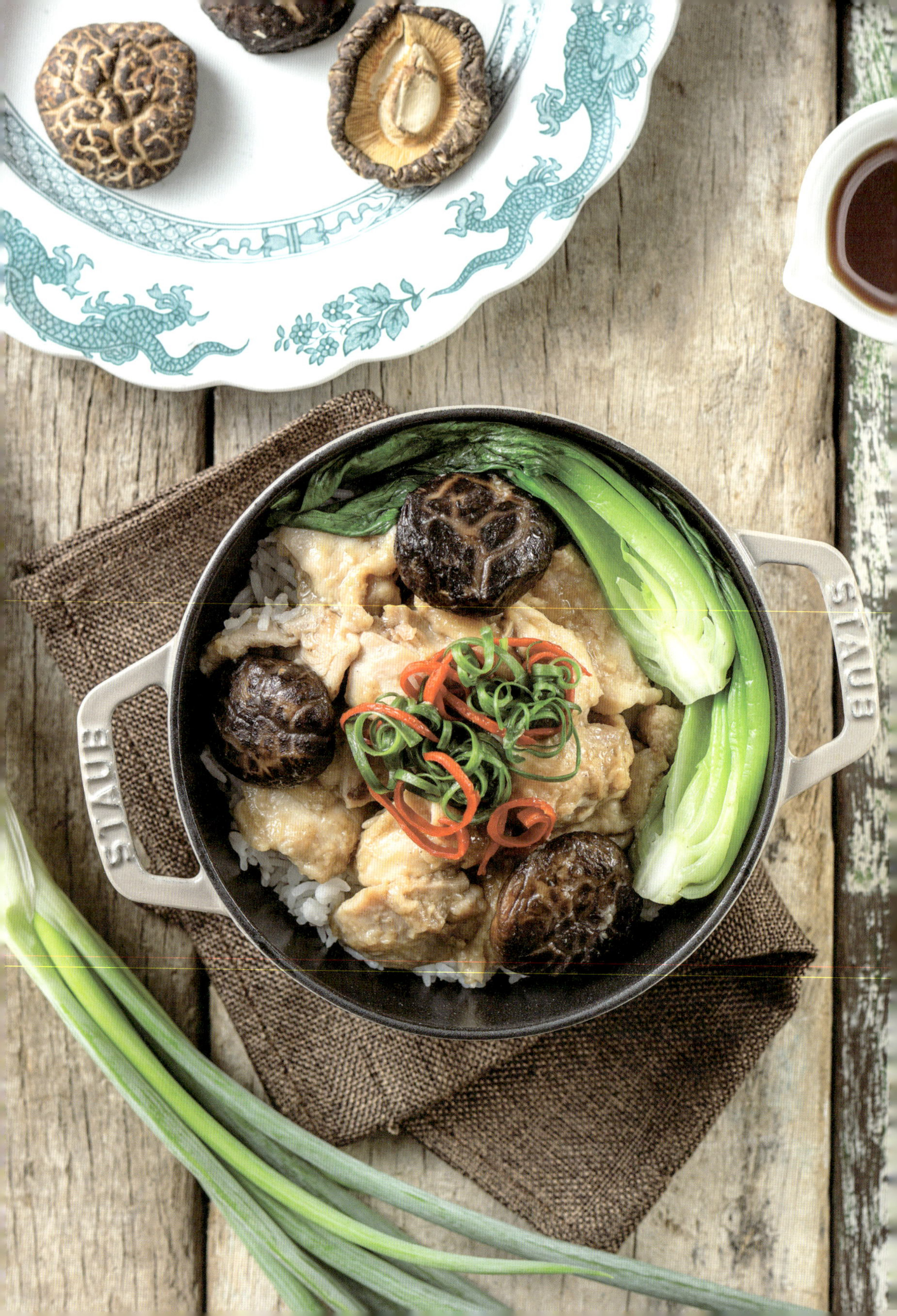
STAUB
STAUB

香菇滑雞煲仔飯

食譜提供
Sky Tseng

| 烹 調 | 16cm 和食鍋
| 擺 盤 | 16cm 和食鍋
| 時 間 | 40 分鐘
| 份 量 | 1-2 人份

材料

泰國香米	1 米杯（約 150g）
水	0.9 米杯
去骨雞腿	1 隻（約 250g）
乾香菇	3 朵（約 12g）
青江菜	1 棵
食用油	1 大匙

【醃料】

薑泥	10g
蠔油	1 大匙
糖	1 小匙
白胡椒粉	1/4 小匙
玉米粉	1 大匙

【醬汁】

醬油	1 大匙
糖	1 小匙
水	1 大匙
香油	1 小匙

作法

1 乾香菇泡開後擠乾水分備用。

2 泰國香米洗淨後浸泡 30 分鐘，再瀝乾水分備用。

3 雞腿肉切塊（約一口大小），加入香菇，用【醃料】抓醃，靜置 1 小時。

4 青江菜用滾水燙熟後備用。

5 將【醬汁】材料混合調勻後備用。

6 冷鍋下 1 大匙油，使用刷子在鍋壁刷上一層油（高過米倒入的高度即可），倒入米與水後開火，中小火煮滾至鍋內水與米同高。

7 將醃好的雞腿肉先鋪在米上，最後擺入香菇，蓋鍋蓋燜煮 12 分鐘，關火後繼續放在爐架上燜 15 分鐘。

8 開蓋後，在鍋緣擺上青江菜，依個人口味淋上適量醬汁即可享用。

TIP
◆ 若不喜歡米飯有鍋巴可不刷油，中小火煮 10 分鐘，離開爐架燜 15 分鐘。
◆ 上桌前可在煲仔飯上擺少許蔥絲、辣椒絲裝飾，更加美觀。

蛋蛋牛肉煲仔飯

| 烹 調 | 16cm 飯鍋
| 擺 盤 | 16cm 飯鍋
| 時 間 | 30 分鐘
| 份 量 | 2 人份

食譜提供
Jessie You

材料

米	1½ 米杯
水	1½ 米杯
牛肉絲或牛絞肉	200g
雞蛋	1 顆
蔥花	少許
食用油	適量

【醃料】

醬油	2 小匙
太白粉	1 小匙
鹽	1/4 小匙
砂糖	1/4 小匙
米酒	1 小匙
胡椒粉	適量

【醬汁】

醬油	2 大匙
砂糖	2 小匙
蠔油	1 大匙
香油	1 小匙
水	1 大匙

作法

1. 米洗淨備用。牛肉加入【醃料】拌勻,靜置 20 分鐘。

2. 鍋中先倒入些許的油,再放入洗淨的米和水(水米比例為 1:1),中小火煮至水沸騰後,稍微攪拌。

3. 轉米粒火燜煮 8 分鐘後,開蓋將醃好的牛肉鋪平在米飯上,中間稍微留一個凹洞(等等要倒入生蛋),再蓋上鍋蓋,中火煮 1 分鐘後,關火燜 15 分鐘。

4. 將【醬汁】的全部材料倒入容器,以小火煮熱至糖融化,倒出備用。

5. 開蓋加入生雞蛋到牛肉中間,蓋上鍋蓋再燜 3 分鐘左右,蛋呈現半熟狀即可。

6. 食用前均勻淋上醬汁,並撒點蔥花即完成。

TIP
- 淋煲仔飯醬汁之前,可以在鍋邊放入燙青菜(芥蘭菜、青江菜都很適合)後再淋。
- 使用牛絞肉的口感較一致,但牛肉絲更有口感,依喜好選擇即可。
- 蛋可以買生食級雞蛋。

CHAPTER 06 ［主食］

豆豉排骨煲仔飯

食譜提供
Sky Tseng

| 烹 調 | 16cm 和食鍋　| 時 間 | 40 分鐘
| 擺 盤 | 16cm 飯鍋　　| 份 量 | 1-2 人份

材 料

泰國香米	1 米杯（約 150g）
水	0.9 米杯
豬小排	300g
豆豉	8g
蒜頭	2 瓣（約 10g）
辣椒	1 根（約 5g）
食用油	2 大匙

【醃料】

蠔油	1 大匙
糖	1 大匙
米酒	1 大匙
白胡椒粉	1/2 小匙
玉米粉	1 大匙

【醬汁】

醬油	1 大匙
糖	1 小匙
水	1 大匙
香油	1 小匙

作 法

1. 豬小排切成一口大小（約 2cm 寬），用水洗淨後瀝乾，加入 1 大匙玉米粉與 1/2 小匙鹽（材料份量外），抓勻之後注水浸泡，靜置 30 分鐘再沖水洗淨，擦乾備用。

2. 蒜頭切末，辣椒切片備用。

3. 冷鍋下 1 大匙油，待油熱後，逐一加入蒜末及豆豉拌炒出香氣，最後加入辣椒片，稍微拌炒後起鍋備用。

4. 豬小排加入【醃料】抓勻，再加入步驟 3 的蒜末、豆豉與辣椒片拌勻，靜置 1 小時。

5. 泰國香米洗淨後浸泡 30 分鐘，再瀝乾水分備用。

6. 將【醬汁】材料混合調勻後備用。

7. 冷鍋下 1 大匙油，使用刷子在鍋壁刷上一層油（高過米倒入的高度即可），倒入米與水後開火，中小火煮滾至鍋內水與米同高。

8. 將醃好的豬小排平均鋪在米上，蓋上鍋蓋燜煮 12 分鐘，關火後繼續放在爐架上燜 15 分鐘。

9. 開蓋後依個人口味淋上適量醬汁即可享用。

TIP
- 若不喜歡米飯有鍋巴可不刷油，中小火煮 10 分鐘，離開爐架燜 15 分鐘。
- 在清洗豬小排時，加入澱粉可以帶出雜質，並稍微軟化肉質。

CHAPTER 06 [主食]

海鮮拌飯

| 烹 調 | 18cm 圓鍋
| 擺 盤 | 20cm 煎鍋
| 時 間 | 30 分鐘
| 份 量 | 2-3 人份

食譜提供
愛兒莎

材料

米	1.5 米杯
水	1.8 米杯（白米的 1.2 倍）
蝦子	260g（約 7 尾）
干貝	115g（約 6 個）
鯛魚片	100g（約 5 片）
蔥（裝飾用）	1/4 根
（也可用少許九層塔裝飾）	
洋蔥	1/4 顆
蒜頭	1 瓣（約 6g）
食用油	1 大匙

【醃料】

白胡椒粉	少許
鹽	少許

【調味料】

鹽	1 小匙
白胡椒粉	少許
黑胡椒顆粒	少許
義式綜合香料	少許

作法

1. 先把蝦子頭跟身體分開，蝦頭留著、蝦身去殼。
2. 去殼的蝦子、鯛魚片與干貝用【醃料】抓醃備用。
3. 白米洗淨後瀝乾備用。蒜頭切末，洋蔥切絲，蔥切蔥花。
4. 鍋熱後倒入食用油，先將干貝煎熟至表面金黃後取出。
5. 原鍋放入蒜末、洋蔥絲炒香後，放入蝦子、鯛魚片輕翻至全熟後取出。
6. 原鍋接著放入蝦頭，煸炒出蝦膏後加水，水滾後將蝦頭取出，加鹽調味，再放入白米稍微攪拌。
7. 上蓋後米粒火煮 10 分鐘後，關火燜 15 分鐘。
8. 開蓋，將飯撒上少許白胡椒粉輕拌後，再將海鮮放回表面鋪好。
9. 撒上黑胡椒粒、義式綜合香料，以蔥花裝飾後即可上桌。

TIP
- 可依個人喜好更換海鮮食材，鯛魚片要切厚片，煮的過程較不易碎。
- 白胡椒粉可增添香氣，辣度可依個人喜好調整。

CHAPTER 06 ［主食］

牡蠣炊飯

烹　調	20cm 和食鍋
擺　盤	16cm 圓鍋
時　間	45 分鐘
份　量	2-3 人份

食譜提供
巧可

材料

米 ...... 2 米杯（300g）
牡蠣 270g
乾香菇 .... 4 朵
蔥絲 .... 少許

【高湯水】
香菇水 130g
柴魚片 3g
水 350g
薑 10g

【調味料】
米酒 .... 2 大匙
醬油 .... 1 大匙
鹽 .... 2 小匙

作法

1. 乾香菇泡發後切小丁，香菇水備用。薑切片。

2. 把香菇水、柴魚片、清水一起煮滾後，濾掉柴魚片，再加入薑片煮滾一次。

3. 把牡蠣放入步驟 2 的高湯中汆燙，水滾即撈起，並挑除薑片。

4. 挑出形狀較小或是不漂亮的牡蠣（約 50g 或更多），切碎備用。

5. 鑄鐵鍋內放入洗淨的米、步驟 2 的高湯水 310g，加入米酒、醬油與鹽，再放入香菇丁、切碎的牡蠣。

6. 蓋上鍋蓋，先以中火煮 7 分鐘，轉米粒火續煮 8 分鐘，關火燜 10 分鐘。

7. 放入剩餘的完整牡蠣，再燜 5 分鐘。起鍋前撒上蔥絲即可。

TIP 牡蠣不要汆燙太久，才不會過老。

CHAPTER 06 ［主食］

番茄奶油鯖魚炊飯

| 烹 調 | 18cm 圓鍋
| 鍋 具 | 24cm 湯盤
| 時 間 | 30 分鐘
| 份 量 | 2-3 人份

食譜提供
巧可

材料

米	2 米杯（300g）
鯖魚罐頭	1 個
洋蔥	1/2 顆
鮮香菇	6 朵
蒜頭	4 瓣
香菜或京都水菜（裝飾用）	1 小把
奶油	10g

【醬汁】

鯖魚罐頭汁	85g
鮮奶油	2 大匙
番茄醬	2 大匙
鹽	2 小匙
水	205g

作法

1 洋蔥切丁，鮮香菇去蒂切片，蒜頭切碎，鯖魚取部分切碎約 30g 備用。

2 熱鍋，放入奶油、洋蔥丁、蒜碎，炒到洋蔥變透明。

3 加入洗淨的米、340g【醬汁】以及 30g 碎魚肉拌勻，再放入香菇。

4 先以中火煮 7 分鐘，蓋上鍋蓋，轉米粒火煮 8 分鐘，關火燜 10 分鐘。

5 開蓋，放入剩餘魚肉，再蓋鍋蓋燜 5 分鐘。起鍋前放入香菜裝飾即完成。

CHAPTER 06 [主食]

午仔魚炊飯

食譜提供 巧可

| 烹 調 | 24cm 和食鍋
| 擺 盤 | 24cm 圓鍋
| 時 間 | 45 分鐘
| 份 量 | 3-4 人份

材 料

| 米 | 3 米杯（450g）
| 午仔魚 | 2 尾
| 鮮香菇 | 6 朵
| 毛豆 | 40g
| 紅蘿蔔 | 30g
| 薑 | 10g（約4-5片）
| 黃檸檬 | 3 片
| 香菜 | 少許

【高湯水】
| 柴魚高湯 | 435g
| 米酒 | 2 大匙
| 醬油 | 1 大匙
| 味醂 | 1 大匙
| 鹽 | 2 小匙

作 法

1 午仔魚畫刀，抹薄鹽（材料份量外），進烤箱以 200℃ 烤 15-20 分鐘。

2 鮮香菇去蒂切片，紅蘿蔔切絲，薑切片。

3 鑄鐵鍋放入洗淨的米，倒入混勻的【高湯水】。

4 放上鮮香菇、毛豆、紅蘿蔔、薑片。

5 最後放上烤過的午仔魚。

6 先以中火煮 7 分鐘，蓋上鍋蓋，轉米粒火煮 8 分鐘，關火燜 15 分鐘。

7 開蓋，以黃檸檬片、香菜裝飾即完成。

CHAPTER 06 [主食]

208 / 209

蒜香蝦仁飯

食譜提供
陳儷方

| 烹 調 | 18cm 圓鍋　　| 時 間 | 40 分鐘
| 擺 盤 | 16cm 和食鍋　| 份 量 | 4 人份

材料

米	2 米杯
（使用160cc的米杯）	
鮮蝦	400g
（剝成蝦仁後約 200g）	
蒜頭	60g
蔥	1 根
薑	3 片
蒜苗	1 根
食用油	3 大匙
熱水	450cc

【調味料】

鹽	適量
黑胡椒粉	適量

作法

1 白米洗淨瀝乾備用。

2 將蝦子的蝦頭、蝦殼取下，並去除腸泥備用。

3 蒜頭和蒜苗切末，蔥切段，薑切片。

4 熱鍋加入食用油 2 大匙，加入蒜末爆香，加入蝦仁炒熟，加鹽、黑胡椒粉調味後取出備用。

5 原鍋加 1 大匙油，加入蔥段、薑片炒香，再加入蝦頭炒至變紅，加入 450cc 熱水煮 3 分鐘後，撈出蔥、薑、蝦頭，蝦高湯留著備用。

6 取出 2 米杯的蝦高湯,加入
白米拌勻,以中火煮至沸騰後,
蓋上鍋蓋,米粒火煮 8 分鐘,離火燜 15 分鐘。

7 開蓋鬆飯,加入蒜香蝦仁、蒜苗、鹽、黑胡椒粉
拌勻即可享用。

鹹蛋筊白筍飯

| 烹 調 | 23cm 橢圓鍋
| 擺 盤 | 16cm 飯鍋
| 時 間 | 40 分鐘
| 份 量 | 2-3 人份

食譜提供
巧可

材料

| 米 | 2 米杯（300g）
| 水 | 320g
| 絞肉 | 250g
| 筊白筍 | 4 支
| 紅蘿蔔 | 50g
| 鹹蛋 | 2 顆
| 蝦米 | 4g
| 蒜頭 | 4 瓣
| 食用油 | 1 大匙

【調味料】
| 醬油 | 1 大匙
| 白胡椒 | 適量
| 鹽 | 3 小匙

作法

1 筊白筍、紅蘿蔔切絲，鹹蛋切碎，蒜頭切碎。
2 鑄鐵鍋放入油熱鍋後，加入絞肉炒香，再加入蝦米、蒜末爆香。
3 接著加入筊白筍絲、紅蘿蔔絲、醬油、白胡椒、鹽炒香。
4 加入洗淨的白米、水拌勻。
5 先以中火煮 7 分鐘，轉米粒火煮 8 分鐘，關火燜 10-15 分鐘。
6 開蓋後加入鹹蛋拌勻，也可自行添加於飯碗裡。

CHAPTER 06 ［主食］

沙茶蝦蟹粉絲煲

| 烹 調 | 20cm 和食鍋
| 擺 盤 | 18cm 和食鍋
| 時 間 | 25 分鐘
| 份 量 | 2-3 人份

食譜提供
Sky Tseng

材料

冬粉	3 球（約 100g）
大尾蝦仁	8 尾（約 150g）
蟹管肉	1 盒（約 120g）
去皮五花肉	60g
蒜頭	3 瓣（約 15g）
洋蔥	1/4 顆
高麗菜	70g
蔥	1 根
辣椒	1 根（約 5g）
食用油	1 大匙
水	450cc

【醃料】
玉米粉	1 小匙
白胡椒粉	1/2 小匙
鹽	1/4 小匙

【調味料】
沙茶醬	2 大匙
醬油	1 大匙
糖	1 大匙
鹽	1 小匙
香油	1 小匙

作法

1. 將冬粉泡水 10 分鐘，待軟化後瀝乾水分備用。
2. 蝦仁抓【醃料】靜置 10 分鐘備用。
3. 五花肉切絲，蒜頭切末，洋蔥與高麗菜切絲，蔥切蔥花，辣椒切片後備用。
4. 熱鍋中小火加 1 大匙油，待油溫上升，加入蝦仁煎熟後撈出備用。
5. 原鍋下五花肉絲炒至八分熟，加入蒜末炒香及洋蔥絲炒軟至稍變透明，再下蟹管肉炒至變硬，加入沙茶醬、醬油、糖、鹽拌炒，最後再加入高麗菜絲翻炒，待高麗菜稍軟後加水煮滾。
6. 煮滾後放入冬粉拌勻，上蓋轉米粒火燜煮 5 分鐘，開蓋後觀察冬粉如呈現透明狀，撒上蔥花、辣椒片，並加入香油拌勻後關火起鍋。
7. 擺上先前煎熟的蝦仁即可食用。

TIP
- 粉絲煲可於起鍋後稍放 10 分鐘，讓粉絲吸收湯汁再食用，風味更佳。
- 辣椒可依個人喜好酌量增減。
- 可於起鍋後擺上幾葉香菜增添風味。

蒜蓉蛤蠣冬粉蔬菜煲

| 烹　調 | 愛心鍋
| 擺　盤 | 愛心鍋
| 時　間 | 20 分鐘
| 份　量 | 3 人份

食譜提供
朱曉芃

材料

冬粉	1 把
大顆蛤蠣	15 顆
包心菜或娃娃菜	350g
金針菇	1/2 把
蔥	1 根
水	50cc

【蒜蓉醬】

油	1 大匙
蒜末	25g
辣椒（可省略）	1 根
米酒	1 大匙
醬油	1 大匙
蠔油	1 小匙
糖	¼ 小匙

作法

1. 冬粉用水泡開後瀝乾備用。包心菜切塊，蔥切段，辣椒切小段。

2. 製作蒜蓉醬：鍋中下 1 大匙油燒熱，將蒜末、辣椒小火炸至金黃後熄火，稍涼後加入米酒、醬油、蠔油、糖攪拌均勻備用。

3. 鍋中蔥段鋪底，放上包心菜，再平鋪金針菇，加入 50cc 水後，蓋上鍋蓋，中火燜煮 5 分鐘。

4. 開蓋放入泡開的冬粉、蛤蠣，並淋上蒜蓉醬。

5. 上蓋大火再燜煮 5 分鐘，開蓋拌勻即可食用。

CHAPTER 06 [主食]

金沙鮮蝦粥

| 烹　調 | 24cm 和食鍋
| 擺　盤 | 朝鮮薊鍋
| 時　間 | 30 分鐘
| 份　量 | 4 人份

食譜提供
陳儷方

材 料

米 .... 1 米杯
（使用160cc的米杯）
鮮蝦 600g
（剝成蝦仁約 320g）
鹹蛋 .... 3 顆
蔥 .... 2 根
薑片 .... 3 片
食用油 .... 2 大匙
熱水 1600cc

【調味料】
米酒 .... 2 大匙
花生醬（無糖）... 1 大匙
鹽 .... 適量
白胡椒粉 .... 適量

作 法

1. 鮮蝦取下蝦頭、蝦殼，並去腸泥備用。
2. 鹹蛋洗淨後對切，挖出蛋黃、蛋白切碎備用。
3. 蔥 1 根切段、1 根切蔥花，薑切片。
4. 熱鍋加 2 大匙食用油，放入蔥段、薑片爆香，再加入蝦頭炒至變紅後，加入米酒 2 大匙去腥，然後加熱水 1600cc，熬煮 3 分鐘後撈出蝦頭、蔥、薑，蝦高湯就完成了。
5. 加入白米，以中火邊攪拌邊煮 3 分鐘後，轉米粒火，蓋上鍋蓋煮 12 分鐘。
6. 開蓋加入鹹蛋煮約 2 分鐘，再加入蝦仁煮熟。
7. 加入花生醬、鹽、白胡椒粉調味，撒上蔥花即可享用。

TIP
◆ 因為鹹蛋本身有鹹味，步驟 7 調味時，先試口味再酌量加鹽。
◆ 最後可以依照喜好加芹菜末或香菜。

CHAPTER 06 [主食]

≡ PLUS ≡

≡ DELICIOUS EVERYDAY ≡

= PLUS =

PLUS
湯品 & 甜點

餐桌上不能少的
快樂收尾

≡ DELICIOUS EVERYDAY ≡

仙草澄清山藥雞湯

|烹 調| 24cm 圓鍋　　|時 間| 75-90 分鐘
|擺 盤| 12cm 陶瓷燉盅　|份 量| 4 人份

食譜提供　Elin

材 料

仿土雞腿肉	1 隻
日本山藥	1/3 根
薑片	2-3 片
仙草乾	1 兩
枸杞	1 小匙
紅棗	數顆
水	適量

【調味料】

| 米酒 | 1 大匙 |
| 鹽 | 少許 |

作 法

1. 將仙草乾洗淨後剪小段，浸泡冷水約 30 分鐘軟化，再濾乾水分。

2. 把處理好的仙草放入鍋中，加水淹過仙草，用大火煮滾後，轉米粒火燉煮約 45-60 分鐘，冷卻後再將汁液濾出，完成仙草湯底。

3. 雞腿肉汆燙洗淨。山藥切圓塊。枸杞泡米酒備用。

4. 將雞腿肉放入八分滿仙草湯底，依序放入薑片、紅棗、山藥，大火煮滾後撈除泡沫，改米粒火燉煮 30 分鐘。

5. 加入枸杞泡的米酒，起鍋前用鹽調味後，濾掉以上食材，只留取澄清雞湯及山藥。

TIP

◆ 仙草乾可在乾貨店或青草街購得。

◆ 仙草乾需用小火慢慢燉煮出湯汁，火太大容易讓湯汁變濁。

◆ 亦可用仙草燉包或者罐裝「無糖」仙草汁。

◆ 仙草的性味偏寒涼，雖然加熱以後比較不涼，但虛寒體質及生理期女性仍注意不多食。

PLUS 〔 湯品 & 甜點 〕

金華白菜雞湯

食譜提供
Jessie You

| 烹　調 | 23cm 橢圓鍋
| 擺　盤 | 23cm 橢圓鍋
| 時　間 | 60 分鐘
| 份　量 | 2-3 人份

材料

金華火腿	60g
帶骨雞腿肉	2 隻
大白菜	1/4 顆
乾香菇	6-8 朵
蔥	2 根
薑	3-5 片
水	蓋過食材的量

【調味料】

鹽	適量
米酒	1 大匙

作法

1. 乾香菇洗淨泡軟後，去蒂切片（整朵也可以）。
2. 金華火腿切片，帶骨雞腿肉切塊，大白菜洗淨切段，蔥切段。
3. 準備一鍋滾水，汆燙切塊的雞腿肉和切片的火腿備用。
4. 把雞腿肉、火腿、蔥段、薑片一起加水（水量需蓋過食材或倒至鍋子約 2/3 滿），中火燉煮 40 分鐘。
5. 加入大白菜、香菇、鹽、米酒，中小火燉煮 20 分鐘後即可上桌。

PLUS ［ 湯品＆甜點 ］

224 / 225

地瓜雞湯

食譜提供
Lydia Lin

| 烹 調 | 26cm 淺鍋
| 擺 盤 | 20cm 和食鍋
| 時 間 | 30 分鐘
| 份 量 | 4 人份

材 料

雞腿 .... 1 隻
地瓜 .... 2 個
紅棗 .... 3-5 顆
當歸 .... 1 片
枸杞 .... 少許
水 2000cc

【調味料】
紹興酒 .... 2 大匙
鹽 .... 少許

作 法

1 雞腿切塊。

2 地瓜削皮，用刀子扳成不規則塊狀。

3 鍋內放入 2000cc 水，加入當歸、紅棗，開中小火煮 10-15 分鐘，聞到當歸香氣，放入雞肉，蓋上鍋蓋燉煮。

4 沸騰過程中開蓋撈取浮沫及油脂，續煮 20 分鐘後，開蓋放入切好的地瓜，再燉煮 10-15 分鐘。

5 起鍋前淋上紹興酒，依口味以少許鹽調味，再加入少許枸杞即可。

TIP
◆ 雞肉不事先汆燙，保留其甜味，但需將骨頭內的血塊清洗乾淨，這樣煮起來的雞湯格外清甜，加上地瓜，其實無需鹽巴調味就很好喝。

◆ 地瓜選擇紅、黃各一，口感豐富。

◆ 地瓜切勿煮太過軟爛，湯色會濁。

PLUS ［湯品&甜點］

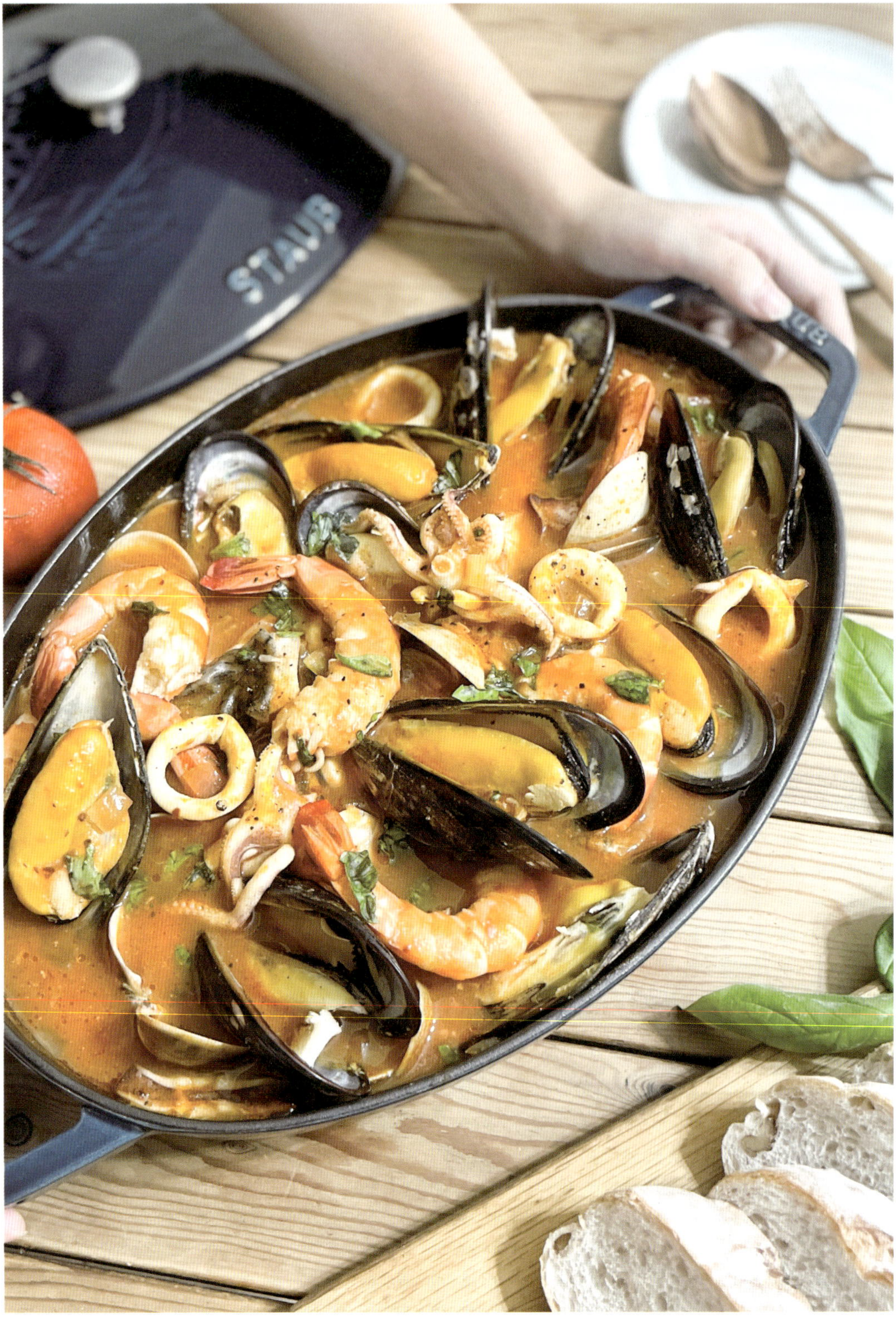
STAUB

義式海鮮湯

食譜提供
Leila Tsai

| 烹 調 | 33cm 魚拓鍋
| 擺 盤 | 33cm 魚拓鍋
| 時 間 | 35 分鐘
| 份 量 | 4 人份

材 料

淡菜	8 顆
蛤蠣	半斤（300g）
透抽	2 隻
鱸魚片	1 片
蝦	6 隻
西洋芹	2 根
洋蔥	1 顆
蒜頭	6 瓣
大番茄	3 顆
（或去皮切丁番茄罐頭400g）	
月桂葉	數片
九層塔葉	數片
番茄糊	1 大匙
橄欖油	20cc
白酒	100cc
水	800cc

【調味料】

義式綜合香料	1 小匙
煙燻甜椒粉	1 小匙
鹽	適量
黑胡椒粉	適量

作 法

1. 食材洗淨後，將透抽切圈，鱸魚片切大塊，西洋芹、洋蔥、蒜頭、番茄切末。

2. 熱鍋倒入橄欖油，依序加入步驟 1 切末的蔬菜，炒至香軟。

3. 倒入白酒和水、番茄糊、義式綜合香料、煙燻甜椒粉、月桂葉，米粒火燉煮 20 分鐘。

4. 加入所有海鮮，轉中火煮約 5 分鐘至熟（若淡菜比較大顆可以先放，煮 2 分鐘後再放其他海鮮）。

5. 依個人喜好加鹽和黑胡椒調味，最後撒上切碎的九層塔葉即可。

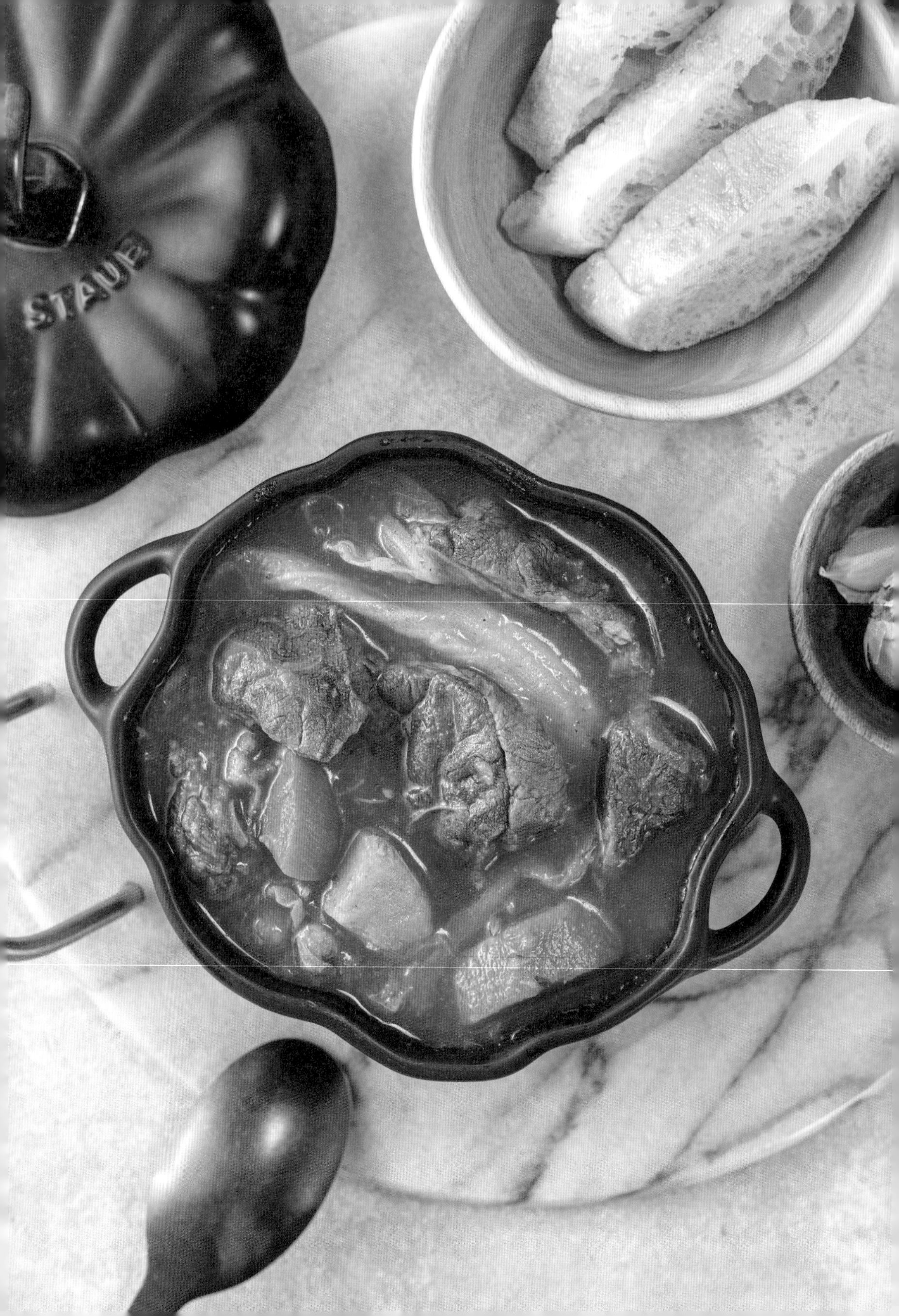

羅宋湯

食譜提供
張小蛙

| 烹 調 | 24cm 深圓鍋
| 擺 盤 | 南瓜盅
| 時 間 | 60 分鐘
| 份 量 | 5-6 人份

材料

牛腱	800g
牛番茄	2 顆（約 320g）
馬鈴薯	2 顆（約 320g）
紅蘿蔔	1 顆（約 270g）
西洋芹	3 根
高麗菜	1/4 顆
洋蔥	1 顆
蒜頭	6-7 瓣
奶油	25g
月桂葉	5-6 片
可果美番茄汁	1 瓶（340cc）
水	900cc

【調味料】

黑胡椒	1/2 小匙
義式綜合香料	1/2 小匙
鹽	3 小匙
糖	1 小匙

作法

1 牛腱洗淨擦乾血水，去除多餘油脂後切塊。

2 馬鈴薯切塊後，泡水去除澱粉。

3 番茄切塊，紅蘿蔔滾刀切塊，洋蔥切丁，蒜頭拍碎，西洋芹刨除外部粗纖維後斜切成段。

4 冷鍋加入奶油，待融化後，以中小火將洋蔥炒至透明狀，再放入蒜頭炒香。

5 將牛腱入鍋煎香後取出備用。

6 依序放入馬鈴薯、紅蘿蔔、西洋芹拌炒至略軟後，放入番茄及牛腱。

7 倒入番茄汁、水，中大火煮滾後撈除浮沫，高麗菜手撕入鍋。

8 放入月桂葉、黑胡椒以及義式綜合香料，蓋上鍋蓋米粒火燉煮 50 分鐘。

9 起鍋前加鹽、糖調味即可。

TIP
◆ 馬鈴薯泡水去除澱粉後可避免湯濁。
◆ 牛肉可用牛肋條替代。
◆ 少量糖可平衡番茄的酸度。
◆ 番茄汁可增加湯色。

九層塔蛋湯

| 烹 調 | 16cm 和食鍋
| 擺 盤 | 16cm 單把鍋
| 時 間 | 10 分鐘
| 份 量 | 1-2 人份

食譜提供
愛兒莎

材料

九層塔	約 35g
雞蛋	2 顆
薑片	10g（約 3 片）
豬肉	40g
水	450cc
食用油	1 大匙

【調味料】

醬油	1/2 小匙
鹽（蛋液調味）	1/2 小匙
鹽（湯調味）	1 小匙
鰹魚粉	1/2 小匙

作法

1. 九層塔洗淨瀝乾，豬肉切片（厚度約 1cm，約 4-5 片），雞蛋 2 顆打散後加入醬油、鹽調味備用。

2. 熱鍋後倒入食用油，九層塔炒約 10 秒至香氣出現後，直接加入蛋液中攪拌。

3. 原鍋倒入九層塔蛋液，煎八分熟成塊狀後，加入薑片炒香，再倒入水。

4. 水滾後放入豬肉煮熟，最後加入鹽、鰹魚粉調味即可享用。

TIP
- ◆ 下鍋炒香九層塔要保留完整不要切碎。
- ◆ 九層塔要快炒不要炒過軟，炒出香味即可。
- ◆ 豬肉切厚片，部位選腰內肉或豬後腿口感較好。

PLUS ［ 湯品＆甜點 ］

石頭火鍋

| 烹 調 | 26cm 圓鍋
| 擺 盤 | 26cm 圓鍋
| 時 間 | 40 分鐘
| 份 量 | 4-6 人份

食譜提供
Lanlan Chen

材料

溫體牛肉	600g
蝦子	300g
高麗菜	300g
扁魚	150g
芹菜	少許
洋蔥	1 顆
番茄	1 顆
鹽	少許
油	少許
水（或豬骨高湯）	適量

作法

1 芹菜切段，洋蔥切絲，番茄切塊。

2 熱鍋後放少許油，煸香扁魚至金黃。

3 加入芹菜、番茄、洋蔥拌炒。

4 倒入水（或豬骨高湯）至鍋子八分滿。

5 湯滾後，再加入牛肉、蝦子等喜歡的肉品海鮮，以及高麗菜或火鍋料，煮熟後以鹽調味即可。

PLUS. [湯品&甜點]

客家牛汶水

食譜提供
甜媽 鍾銷

| 烹 調 | 18cm、24cm 圓鍋
| 擺 盤 | 10cm 圓鍋、15cm 方型烤盤
| 時 間 | 50 分鐘
| 份 量 | 2 人份

材料

糯米粉	100g
水	75g
老薑	適量
黑糖	適量
花生碎	適量
黑白芝麻	適量

作法

1. 糯米粉中加水揉成糰。

2. 製作粄母：取 1/10 糯米糰放入滾水中，煮至浮起，加入步驟 1 的糯米糰中，再次揉成不黏手如耳垂般（過程中太乾就少量加水，太濕就添加糯米粉）。

3. 將糯米糰揉成長條狀後，分割成每 18g 一顆，揉成圓形壓扁中間，按壓一個洞，放入滾水中煮至浮起撈出。

4. 另起一鍋滾水，依個人喜好加入老薑及黑糖熬煮成濃薑糖水，將步驟 3 放入煮至上色。

5. 食用前撒上花生碎及黑白芝麻即可。

TIP
◆ 這是一道客家傳統米食，因外觀似水牛泡在水裡，僅露出背與頭而得名，沾花生粉也很好吃。
◆ 本食譜用市售糯米粉方便快速，亦可使用調理機，將浸泡過的糯米加水打成米漿，放入棉布袋內擠壓出水分，接著按照步驟 2 開始操作。

236 / 237

熔岩巧克力蛋糕

食譜提供 Jessica Lu

| 烹 調 | 10cm 圓鍋
| 擺 盤 | 10cm 圓鍋
| 時 間 | 9 分鐘
| 份 量 | 1 人份

材料

巧克力	32g
無鹽奶油	30g
全蛋	50g
糖	10g
低筋麵粉	15g

作法

1 烤箱以 200℃ 預熱。鑄鐵鍋內抹上奶油（材料份量外）。

2 將巧克力和無鹽奶油隔水融化。

3 將蛋和糖攪拌均勻後，倒入巧克力奶油餡裡。

4 再加入過篩的低筋麵粉，拌勻至無顆粒。

5 將麵糊倒入鑄鐵鍋中，放進烤箱以 200℃ 烤約 8-9 分鐘。

6 倒出蛋糕，切開即會看到流心。

TIP 蛋糕烤好後若沒有立即吃，可以放冷藏保存，食用前用微波爐加熱一下即可有流心效果。冰凍後食用有雪糕的口感。

PLUS ［ 湯品＆甜點 ］

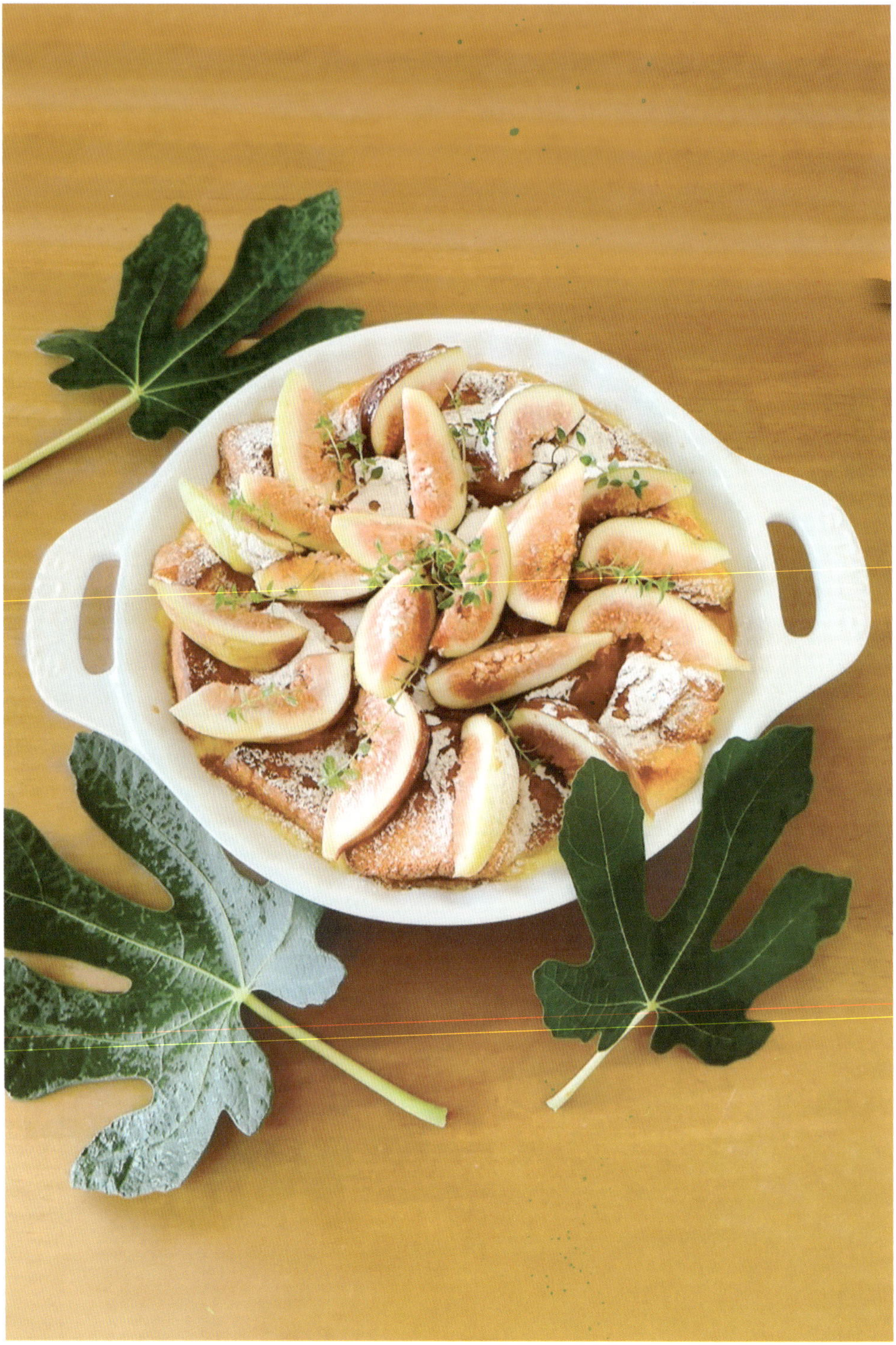

無花果麵包布丁

| 烹 調 | 24cm 圓烤盤
| 擺 盤 | 24cm 圓烤盤
| 時 間 | 30 分鐘
| 份 量 | 2 人份

食譜提供
Lanlan Chen

材料

吐司	3 片	香草精	1 小匙
雞蛋	3 顆	無花果	3-4 顆
鮮奶	300cc	蜂蜜	少許
糖	60g	檸檬百里香	少許
奶油	20g	糖粉	少許

作法

1 無花果切塊。吐司切小塊備用。

2 將鮮奶、糖和奶油以小火煮至奶油融化。

3 雞蛋打散過篩。烤箱以 180℃ 預熱。

4 在步驟 2 中，加入蛋液以及香草精，攪拌均勻後，把吐司塊加入泡濕。

5 圓烤盤內刷油（材料份量外），鋪上泡好的吐司，倒入一點點牛奶蛋液。

6 放進烤箱，以 180℃ 烤 20 分鐘。

7 烤好後撒上糖粉，淋上蜂蜜，擺上無花果與檸檬百里香即完成。

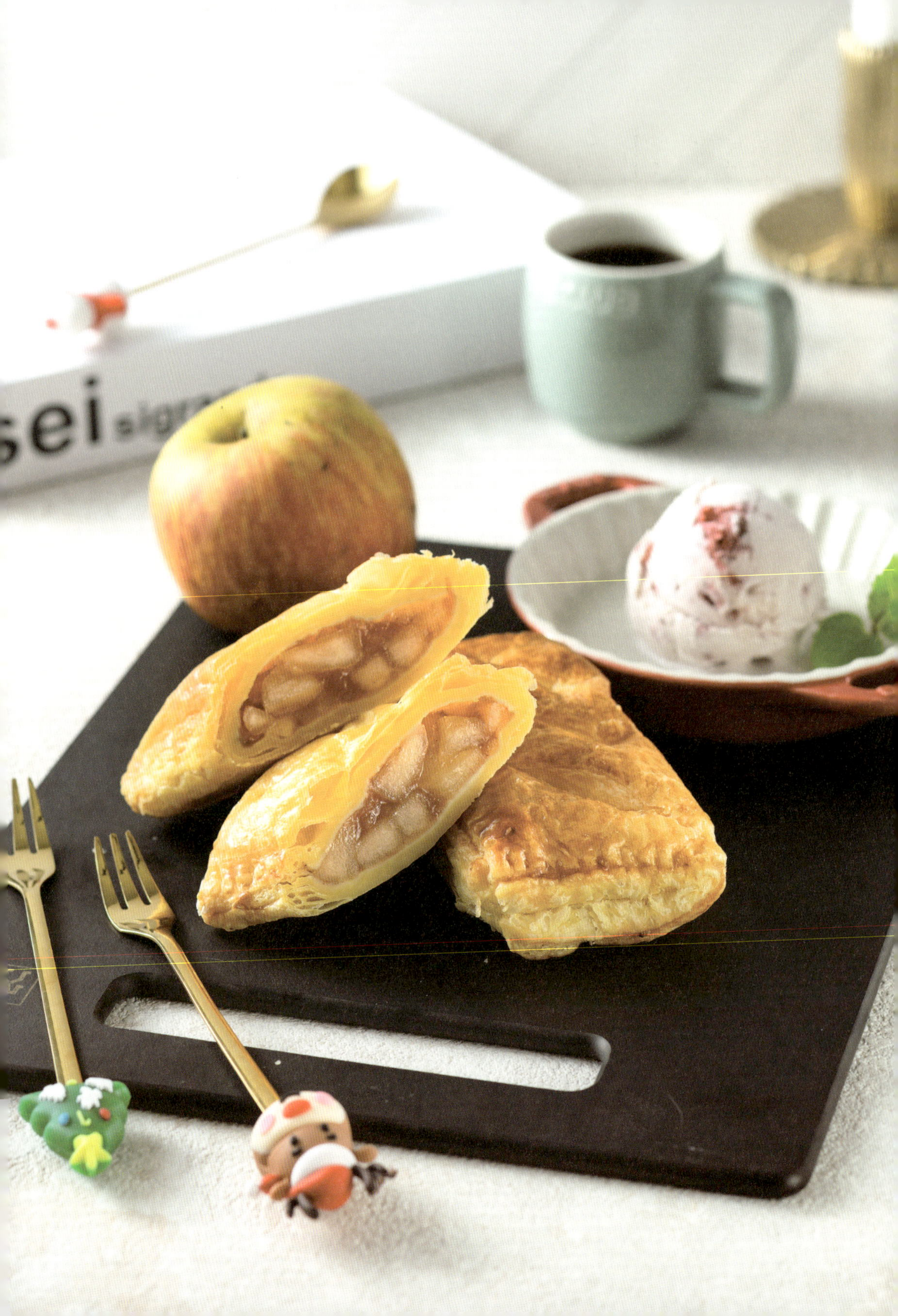
sei

肉桂蘋果派

食譜提供
Lydia Lin

| 烹　調 | 18cm 圓鍋
| 擺　盤 | 黑色砧板
| 時　間 | 60 分鐘
| 份　量 | 4 人份

材料

| 冷凍酥皮 | 4 片（12x13cm）
| 蘋果（去皮） | 500g
| 白砂糖 | 80g
| 檸檬汁 | 2 大匙
| 肉桂粉 | 1/2 小匙

| 熱水 | 50cc
| 玉米粉水 | 2 大匙
（1 大匙玉米粉＋2 大匙水）
| 雞蛋 | 1 顆

作法

1. 將蘋果去皮切薄丁。
2. 鍋內放入蘋果丁、砂糖、檸檬汁，開中小火將蘋果丁炒至半透明色，約 20-30 分鐘。
3. 放入熱水及肉桂粉，維持中小火拌炒 3 分鐘，再倒入玉米粉水，並迅速攪拌均勻呈黏稠即可關火。
4. 烤箱以 200℃ 預熱。雞蛋打散。
5. 冷凍酥皮切成 12x6cm 的長方形（或是整張酥皮對摺），放入蘋果餡料，再於內側邊緣塗上蛋液。
6. 將酥皮對摺包好，以叉子壓合邊緣，再用刀尖在酥皮表面畫上三刀，避免因膨脹而破裂。
7. 於酥皮表面塗上全蛋液，放置鋪有烘焙紙的烤盤中，以 200℃ 烤 20-25 分鐘至表面金黃即完成。

TIP
- ◆ 蘋果丁切薄，方便快速炒軟。
- ◆ 各家烤箱溫度不一，時間需依自家烤箱來調整。

PLUS ［ 湯品＆甜點 ］

紅蘿蔔蛋糕

食譜提供
Leila Tsai

| 烹 調 | 16+10cm 或 18cm 鑄鐵鍋
| 擺 盤 | 22cm 陶瓷平盤
| 時 間 | 90 分鐘
| 份 量 | 6 人份

材料

紅蘿蔔（去皮去頭尾）	250g
核桃	50g
雞蛋（常溫）	2 顆
細砂糖	100g
橄欖油	150g
中筋麵粉	150g
肉桂粉	2g
無鋁泡打粉	2g
蘇打粉	2g
鹽	2g
堅果、果乾	適量

【奶油乳酪霜】

奶油乳酪（室溫軟化）	125g
無鹽奶油（室溫軟化）	60g
糖粉	30g

作法

1. 準備材料：將粉類食材（中筋麵粉、鹽、泡打粉、蘇打粉、肉桂粉）裝一起過篩並攪拌均勻。用調理機把核桃打碎。紅蘿蔔切小塊後打碎。烤箱以 170℃ 預熱。

2. 使用 16+10cm 或 18cm 的鑄鐵鍋，在鍋內塗奶油（材料份量外），底部鋪上一張圓烘焙紙方便脫模。

3. 在調理盆中放入雞蛋和細砂糖，用電動攪拌器中速打 3 分鐘，直到蛋液和糖融合，再緩緩倒入橄欖油，先轉低速攪勻，再轉中速打 2 分鐘。

4. 打完後，加入紅蘿蔔碎，用刮刀切拌均勻，再加入過篩的粉類切拌均勻。

5. 最後加入核桃碎拌勻後，把麵糊裝到鑄鐵鍋中（約七分滿即可）。

6. 烤箱溫度上下火達 170℃，把麵糊放入烤箱中。10cm 鑄鐵鍋約烤 40 分鐘，16cm/18cm 鑄鐵鍋約烤 50 分鐘。時間到用竹籤刺入蛋糕中，若沒沾黏就可以先取出（沾黏的話就多烤 2 分鐘）。出爐後待冷卻就可以直接脫模。

7. 製作奶油乳酪霜：調理盆中放入已軟化的無鹽奶油和奶油乳酪，用電動攪拌器慢速攪拌均勻後，加入糖粉拌勻即可。

8. 把烤好的蛋糕橫切半，中間先抹一層奶油乳酪霜做夾層，蓋上蛋糕片後再抹上奶油乳酪霜，表面放點堅果、果乾做裝飾即完成。

PLUS ［ 湯品&甜點 ］

TIP 蛋糕做好需放冰箱冷藏靜置半天或隔天再食用，口感會更濕潤好吃～

烤莓果奶酥

食譜提供
甜媽 鍾銷

| 烹　調 | 16cm 單柄煎鍋
| 擺　盤 | 16cm 單柄煎鍋
| 時　間 | 35 分鐘
| 份　量 | 4 人份

材 料

冷凍莓果 300g

【醃料】
細砂糖 .... 適量
檸檬汁 .... 少許

【奶酥材料】
無鹽奶油 45g
低筋麵粉 45g
烘焙用杏仁粉 45g
細砂糖 45g

作 法

1. 冷凍莓果加入【醃料】拌勻後靜置一會兒備用。
2. 奶油切成 1.5x1.5cm 丁狀，放冷藏備用。
3. 取一調理盆放入低筋麵粉及杏仁粉稍拌勻後，放入細砂糖及切丁奶油，將奶油丁包覆粉類材料後，捏成砂礫狀，放冷藏 1 小時鬆弛，即完成奶酥。
4. 取一煎鍋，放上醃漬好的莓果並均勻撒上製作好的礫狀奶酥。
5. 烤箱預先預熱至 180℃。把煎鍋放進烤箱，烘烤 25-35 分鐘至上色。

TIP
- 本食譜亦可使用新鮮水果，例如：草莓、藍莓、蘋果、鳳梨等；醃漬水果的砂糖可自行依食材及個人口味調整，也可不加。
- 出爐後加上香草冰淇淋或是鮮奶油更增添風味。
- 烤好的奶酥可用夾鏈袋放平，冷凍保存 2 週，不須解凍，即可用來烘烤。

246 | 247

作者介紹
敘事大師群

（ 英文依字母順序排序
中文依首字筆畫排序 ）

Alice Chen

嗨～我是熱愛美食和享受烹調的 Alice！很榮幸再次受社團之邀，一起參與食譜書的分享。由於家父早期在清泉崗空軍基地服務，常接觸洋人與異國飲食，家中飲食趨於多樣化，我因此在飲食的視野上，也跟著受到開啟。此次分享的料理，充滿我很喜愛的異國風情，希望大家一起品嚐。

Catherine Huang

大家好，我是 Catherine Huang。十多年前為了陪伴公子，成為全職主婦，研究料理及烘焙，和公子一起動手，家人也參與其中，從此，「第二天吃什麼？」成為每日主要的問候語。使用鑄鐵鍋具多年，就是喜愛它絕佳的烹煮效力，讓食物變得更美味，讓餐桌變得更豐富，讓言談之間充滿了話題。

Coco

「我愛 Staub 鑄鐵鍋」社團直播老師 & 社團食譜統籌，也是粉專「Coco 樂食堂」的掌廚。目前有中餐丙級／西點蛋糕丙級／麵包丙級／中式米食加工米漿型丙級／中式米食加工一般漿糰丙級等五張證照。喜好特色料理、地方小吃以及一鍋到底的簡單烹調。希望透過食譜的分享，能讓每個人都和可可一樣愛上做菜，享受生活的樂趣。

Eddi

本名魏嘉昌。十多年餐飲洗禮，淬鍊著對食、飲文化的堅持；靦腆的笑容下，有熱愛義大利料理的心；埋首在熊熊爐火下，是 Eddi 調配美味誘人的醬汁的身影，以酒入菜更激發出美味的協奏曲。多年來深耕餐飲文化，除了熱情，更多了教育的使命。對食材用料的選擇，烹飪技巧的精進，更增加了葡萄酒搭餐的精準度。一起在 Eddi 的冷笑話與熊熊的爐火中學習有趣的料理吧！

作者介紹

敘事大師群

Elin

我是一位醫療公關，四年前因疫情之故，讓外食的我因緣際會進入社團，也開始在社團習得許多烹飪技巧、擺拍美學，以及結交許多志同道合的好朋友們。加入社團後，除了燃起對料理的無比熱情，也籌劃了數場大型社友活動，以及在社團的支持和推動下，我逐漸累積經驗，從參與簽書會活動的主持人，到如今進階到自己榮升第四本食譜書的作者，回首這一切的成就歸功於社團給予機會，謝謝社團讓我的人生旅程顯得更加精彩萬分，無論未來會走向何方，這段美好經歷將永遠伴隨著我，成為我心中最美好的一頁。

Emely Wu

「Forte 音樂與美學」藝術總監。東海大學音樂系鋼琴研究所。1994 年曾經赴奧地利萊席弟斯基（Leschetizky）國際音樂節研習，並參與音樂會演出。也參與許多國際音樂節，受到許多美國及歐洲音樂院教授個別指導。曾在南投高中、台中二中、彰化女中、雲林國中、清水國小音樂班擔任鋼琴指導，現為安和國中管樂班鋼琴指導。籌辦了三屆的「Forte 音樂與美學」鋼琴鑑定模擬考。近年來籌辦許多美學活動與課程。與先生 Thomas Linde 和女兒們，在台中國家歌劇院、高雄衛武營以及台北功學社表演廳舉辦家庭音樂會。2023 年參與寫作食譜書《鑄鐵鍋家料理》，並在「我愛 Staub 鑄鐵鍋」FB 社團擔任直播分享老師。

Jane Chuang

婚前是物理治療師、嬰幼兒按摩講師。在還沒推動長照時，就已走入需要幫助的家庭，協助患者居家復健。婚後嫁入漁村，見到了漁產銷售困境，遂與先生 Jerry Lin 創辦了「青熊家」，提供「從產地到餐桌」的海鮮銷售模式。孩子出生後，想起了從小跟著外婆、媽媽逛菜市場，窩在廚房學料理的時光，開始帶著孩子走入廚房，透過料理，延續記憶中的家庭美味，傳承幸福與愛的溫度。

Jessica Lu

我是潔西，熱愛美食與手作，有兩位可愛的女兒。自小喜歡烹飪，從自家廚房開始創立「潔西烘焙廚房」，提供客製化蛋糕和甜點服務，並為社團每月的壽星準備專屬生日蛋糕。三餐為家人親自下廚是我的日常，平凡的家常味最令人懷念，特別是用鑄鐵鍋烹調的料理，總能帶來溫暖與安心的感覺。

Jessie You

本名游于靚。我在社團上臉書的名字是「Jessie You」，兩個孩子的媽媽，並擔任國高中英文老師十多年。以前從不覺得煮飯這件事情跟我有關聯，對廚房更是陌生。然而，因為加入了「我愛 Staub 鑄鐵鍋」，我意外開啟了與烹飪的緣分。儘管工作繁忙，每天下班回家，我最期待的就是為孩子們親手做一頓飯。我相信，這份用心與溫暖能夠傳遞給他們最純粹的愛與陪伴。從一個對煮菜毫無經驗的新手，到如今即將出版食譜，這段旅程充滿了挑戰與感動。對我而言，這不僅是生活中的一大成就，更是對家人深情的見證。

Josephine Cai

藝亦是一名全職律師，出生上海，移民澳洲 30 多年，與新加坡籍先生育有兩個女兒。因為在海外生活，飲食上中西以及地域文化的衝擊，我們非常喜歡用料理來延續我們的文化自信、歸屬感和傳承。十幾年前因為顏值和歷史愛上 Staub，於是經常用本地的食材嘗試和創作。一個強迫症女生在工作家庭繁忙的空隙中找到了平衡和寧靜。去年有幸加入社團，希望能和社友們一起在料理中尋找生活的真理。

Joyce Huang

熱愛大自然、旅遊與品嚐各地美食，喜歡將列入口袋名單的美食、手作料理改造後，與家人們分享。曾經在餐飲業服務，擁有調酒師丙級證照。對玫瑰花深深著迷，有一小小玫瑰花園，目前是 Joyce's Rosary 小舖的長工。

Lanlan Chen & Thomas Chen

「Lanlan 女子女子生活料理」主理人，有兩個女兒，原本是全職家庭主婦，在這幾年間斜槓網路部落客、經營「嵐嵐風格選物店」。常常在社團分享家常料理，有先生（Thomas Chen）這位神隊友為我的料理手繪，細膩溫暖的畫風和手寫食譜，頗受好評。希望大家也會喜歡這本書中，和先生合作的料理手繪圖。

Leila Tsai

大家好，我是 Leila，目前全職媽媽累計 16 年。我喜歡烹飪，飲食是生命中重要的事之一，從精心挑選食材開始到料理入鍋飄出的陣陣香氣，最後擺盤上桌的期待，這過程對我來說是極療癒的事，感受食物深層的力量滋養身體，為所愛的人烹調食物滋養靈魂，飽含美好與愛護的心做出家中幸福的味道，一次次的烹飪經驗都會讓自己的廚藝更成熟，大家也跟著一起來動手做料理吧。

作者介紹

Lydia Lin

廚房是一個水深火熱的地方,但身為煮婦的我,卻愛待在廚房,為家人料理屬於自家餐桌的媽媽味。不但傳承家母的味道,也創造自己的幸福風味。因為鑄鐵鍋,讓我愛上社團,更沉迷於鑄鐵鍋的芳香世界,進而成為作者之一。我是 Lydia Lin,快與我一起用鑄鐵鍋來做菜吧!

Ozzy

本名謝宜澂。來自雲林,是黑豆養大的孩子,御鼎興柴燒黑豆醬油第三代製醬人、飛雀餐桌行動創辦人。2012 年返鄉,決定為自己家中產業展開傳承與永續的努力。將已經在雲林立足 60 年的醬油品牌,重新以老品牌新出發的方式,將「台灣蔭油」文化重新轉譯。並以自家醬油文化為出發點,挖掘並彙集雲林各地物產,2017 年起,發起飛雀餐桌行動,串連雲林一級、二級與六級產業,於雲林各地舉辦餐桌行動。

Sky Tseng

本名曾鴻凱,從事視覺設計工作超過 20 年,喜歡將每件事做到極致,對追求細節充滿熱情。廚房是我工作之後最能專注並紓解壓力的地方,在為家人下廚時,我希望每道料理不僅美味,更能傳遞溫暖與心意。對我來說,製作料理是一個將愛與情感融入生活的方式,在與家人共享美食的時光裡,能深刻感受到生活的愜意與溫馨。希望藉由自身經驗,讓更多人發現工作與廚房角色的轉換,能為生活增添無限樂趣與幸福感。

方愛玲

一個朝九晚六,每天都在替老闆計算賺了多少錢的職業婦女。喜歡旅遊,熱愛做菜。靈魂裡有著雙子座的多變,對於做菜總有許多天馬行空的想法與執行力,把料理當成遊戲生活的一部分。抱持著做菜的最高原則就是:優雅下廚,輕鬆上菜!

巧可

是插畫師、美術老師,也是《台灣灶咖家滋味》食譜插畫書作者。第一本書是為了記錄媽媽料理而生,內容都是媽媽的家常菜,而這次能有幸參與社團食譜書製作,創造屬於自己的料理,備感驕傲。畫畫與料理一直是我最喜歡的兩件事,兩者一樣需要很多的靈感創作,透過食材和調味料的魔法,變化出豐富的作品。

敘事大師群

朱曉苡

擁有中餐丙級執照。之前是個遨遊天際的空服員，生了兩個可愛的小孩之後，就全心投入家中為一雙兒女準備有趣又美味的料理，料理充滿視覺創意，精細又可愛的手藝總是讓大家為之驚嘆。

江佳君

台北榮總護理師退休，具有中餐丙級證照，自許是推廣「在家促進安全健康飲食」的小兵，將自己的醫療專業和廚房技藝結合，讓大家都做得出美味又健康的料理，用食物來照顧全家人的身體，享受在家團聚用餐的溫暖。總覺得追求經典料理手法不能凌駕於食品安全之上，但也不要料理得食之無味。粉絲專頁「董娘廚房」歡迎您的指教。

邱湞喬

喬喬是埔里「信正興號鮮肉舖」的專業闆娘，也是「余管家手作好食光」的料理人。喜歡學習關於豬肉的新知，樂於發掘關於豬肉的料理。很榮幸再度成為「我愛 Staub 鑄鐵鍋」第四本食譜書的作者群之一，「料理」是將抽象的愛化作具象的實物呈現，讓我們沉浸在 Staub 鑄鐵鍋的世界裡，為自己為家人繼續用愛料理。

許馨方

「不是在廚房，就是在前往市場的路上！」這個人就是我。大家好，我是喜歡烹飪的馨方。熱愛料理的高峰，從接觸鑄鐵鍋開始攀升，怎能想像有如此魅力的神器，令人沉迷於美食開發與練功的世界。更欣喜加入這般般皆是神隊友的聖殿，讓我得以欣賞各式精湛廚藝作品。很榮幸受邀分享兩道小品，更祝福這美食優質的食譜寶典，能為熱衷烹飪的朋友推進更多創新研發的能量。

陳儷方

身為全職家庭主婦和兩個孩子的媽媽，我熱愛美食，喜歡跟大家分享我烹煮的料理，看到家人和朋友們品嚐後的驚喜與讚美，滿滿的成就感都是我的動力來源。對我而言，料理不僅是我的興趣愛好，更是我與家人、朋友間的情感交流，希望親手烹調的每道料理都化為溫暖的記憶，讓味蕾感受到幸福又美味的驚喜。

張小蛙

我是一個急重症臨床的呼吸治療師。料理的知識與方法如醫學般博大精深，日日長進，屢見生食在熱與酸甜苦辣中美好的融合；麵粉與水在酵母的催化中，經高溫淬鍊出誘人香氣，著實令我著迷。廚房猶如個人實驗室般端出一道道料理，孩子們繼續用舌尖儲存與家庭美好的記憶。感謝社團讓我有機會能在學習做飯這條路留下足跡，實現人生的夢想清單，跟著 Staub 一起成長，成就更好的自己！

作者介紹

莎莎

本名蔡佩珊，《莎莎的手作幸福料理》食譜作家。旅居波士頓，從留學生、人妻到媽媽的二十幾年來，無論角色如何變化，不變的是熱愛手作料理的初衷。喜歡簡單不複雜，創新不單調與幸福不打烊的料理。深信家的凝聚力，從廚房開始。

湯聖偉

大家好我是粉專「湯湯的不正經廚房」的湯阿北。從事中式餐飲工作逾三十年，擁有中餐乙級廚師證照，經營一間小館。閒暇之餘就是喜歡畫畫，彈彈琴，讀讀詩，做做菜分享一些自己所學的烹飪技巧給大家，希望自己所學也能幫助想動手煮菜的大家。

愛兒莎

白天是日系車廠採購，晚上是媽媽也是煮婦。平時喜歡窩在我的電音小廚房裡料理紓壓；遇上 Staub 之後，擴大了我的舒適圈，發現料理的無限可能。只要願意好好享受生活每個片段，柴米油鹽醬醋茶皆是幸福。大家一起開心煮煮，天天都幸福～「愛莎電音小廚房」歡迎您的蒞臨按讚喔～

甜媽 鍾鎢

社團人稱「甜媽」，當母親之後才開始學習下廚，2021 年接觸鑄鐵鍋之後，開啟料理新生活。本身就很喜歡進行手作及攝影，結合攝影激發更多生活的感動。目前設計社團專屬的直播老師「菜名杯墊」，歡迎社友們來上菜！

敘事大師群

DELICIOUS EVERYDAY !!

252 / 253

鈦銀系列家電

創新自我，為未來而生

FUTURE-MADE BY HISTORY

近300年傳承 未來之作

一機在手 料理飲食靈感無限

看更多商品

法國STAUB鑄鐵鍋

食材香氣水氣絕佳循環

做出多采多姿美味佳餚

看更多商品

台灣廣廈 國際出版集團
Taiwan Mansion International Group

國家圖書館出版品預行編目（CIP）資料

鑄鐵鍋家料理2.0：以原味創造美味！100道活用鎖水烹調技法的幸福料理 / 我愛Staub鑄鐵鍋敘事大師群著. -- 初版. -- 新北市：台灣廣廈，2024.10
256面；17×23公分
ISBN 978-986-130-640-7（平裝）
1.CST: 食譜

427.1　　　　　　　　　　　　　　113013846

鑄鐵鍋家料理2.0
以原味創造美味！100道活用鎖水烹調技法的幸福料理

作　　　者／我愛Staub鑄鐵鍋敘事大師群	總編輯／蔡沐晨
攝　　　影／Hand in Hand Photodesign　璞真奕睿影像	責任編輯／蔡沐晨‧許秀妃
食譜統籌／Coco	封面‧內頁設計／曾詩涵
照片提供／Emely Wu（P.56、P.64、P.144）	內頁排版／菩薩蠻數位文化有限公司
Josephine Cai（P.52）	製版‧印刷‧裝訂／東豪‧弼聖‧秉成
Lanlan Chen（P.110、P.116、P.234、P.240）	
Leila Tsai（P.46、P.126、P.164、P.228、P.244）	
Ozzy（P.80、P.82、P.184）	
朱曉芃（P.40、P.216）	
插　　　畫／Thomas（P.10、P.12、TIP鑄鐵鍋插畫）	
Lanlan（P.10、P.12手寫字）	

行企研發中心總監／陳冠蒨　　　線上學習中心總監／陳冠蒨
媒體公關組／陳柔彣　　　　　　企製開發組／江季珊、張哲剛
綜合業務組／何欣穎

發　行　人／江媛珍
法律顧問／第一國際法律事務所 余淑杏律師‧北辰著作權事務所 蕭雄淋律師
出　　版／台灣廣廈
發　　行／台灣廣廈有聲圖書有限公司
　　　　　地址：新北市235中和區中山路二段359巷7號2樓
　　　　　電話：（886）2-2225-5777‧傳真：（886）2-2225-8052

代理印務‧全球總經銷／知遠文化事業有限公司
　　　　　地址：新北市222深坑區北深路三段155巷25號5樓
　　　　　電話：（886）2-2664-8800‧傳真：（886）2-2664-8801
郵政劃撥／劃撥帳號：18836722
　　　　　劃撥戶名：知遠文化事業有限公司（※單次購書金額未達1000元，請另付70元郵資。）

■出版日期：2024年10月　　ISBN：978-986-130-640-7
　　　　　2025年02月5刷　　版權所有，未經同意不得重製、轉載、翻印。

Complete Copyright © 2024 by Taiwan Mansion Publishing Co., Ltd.
All rights reserved.